そうなんだ！

田中　豊
孫子兵法研究会
安恒　理

「孫子の兵法」のことか
マンガで3時間でマスターできる本

1）「自分への投資」として、「孫子の兵法」を学ぶ方が増えていま
本書では「孫子の兵法」のカンどころを
現代のビジネス教訓として身につけることができます。

2）「孫子の兵法」のあらましをマスターすれば、
あなたもビジネスにおいても、対人関係においても、
＜勝ち組み＞に入れます。どんどん活用してください。

明日香出版社

はじめに

●「勝つための戦略」は汚いものではない

　取材を通して多くのビジネスマンにお会いしてきた。いわゆる「成功した人」たちの話をお伺いしてきたが、彼らにはいくつかの共通点がある。「前向き」「誠実」「正直」といった点だ。仕事面で有能なのは当然だが、その発想、行動様式は、本人たちが意識しているいないに限らず、一定のルールに沿っている。それが「勝つための戦略的発想」だ。

「戦略」と聞いて違和感を抱いた方もいるかもしれない。先に成功者の条件として挙げた「誠実」「正直」という言葉と矛盾する印象を受けるからだ。確かに「戦略」には、「相手の裏をかく」というように、「謀略」「だまし討ち」といったイメージがつきまとう。

　あるベンチャー企業の説明会でのこと。女性担当者がレジュメの「企業戦略」という見出しを読みながら、「戦略というと汚いことのように思われますが…」というセリフを付け加えたのを強烈に覚えている。世間の「戦略」という言葉に対する認識はその担当者と、大差ないのではないか。

「孫子の兵法」が、ある面において誤解を受けている点もそこにある。「謀略」「だまし討ち」の方法が説かれているという誤解である。戦略・戦術は「勝つ」ための知恵ではあるが、「人の道」にはずれたことは一言も書いてはいない。むしろ「正道」「王道」を歩むように説いている。成功したビジネスマンたちは、決して相手を騙したり、策略で相手の足を引っ張ったりするような行動はとっていない。

　ある企業トップにインタビューしたとき。「ストレスはたまりませんか？　お立場上、だまし討ちにあったり、嫌な人間と向いあわなければならない場面もあるのではないですか？」という質問をぶつけてみた。返ってきた答えは、

「忘れるようにしています。いちいち気にしていたら身が持たないし、そういった類の人間は、放っておいても、いずれダメになっていきますよ」。

奸智に長け、謀略でのし上がった人間は、ある一定の地位にはたどり着けるが、そこから上に行くことはもちろん、その地位を長く保持することはできないと断言していい。

長引く不況で、企業もビジネスマンも厳しいサバイバル競争を強いられている。数少ないパイを奪い合って生き残りを図っているが、そこには手段を選ばない輩が出てくる。最近の企業の例を挙げるならば、製品の産地を偽った「雪印食品」がそうだ。目先の利益を追い求めて、「人の道」からはずれる違法行為を行なったため、世間の厳しい批判を浴びている。余裕がないから、企業やビジネスマンに、後ろ指を指されるような行動に駆り立てられるのだろうが、かえって自分の首を締めるだけだ。

こんな時代だからこそ、「勝つための戦略」を説いた「兵法」が必要になってくる。「孫子の兵法」は、まさに困難な時代を生き抜く「知恵」を与えてくれるはずだ。

●数々の指導者たちも学んだ「兵法」

いま、中国が熱い。

世界の盟主を目指して中国が大躍進を遂げている。日本でも中国ブームが起こり、中国に進出する企業、現地法人と提携する企業などが多くあらわれた。しかし、すべてが順調に進んでいる例は稀で、さまざまな障壁で悩まされる日本人ビジネスマンも少なくない。日本人と中国人の意識の違い、習慣の違いがネックになっているケースもしばしば目にする。「同じ東洋人なのに、なぜこうも違うのか？」と首をひねる人も多いが、理解に苦しむ中国人の発想・習慣も「孫子」を含めた古来からの格言・ことわざを学ぶと一気に分かるという。

四〇〇〇年の歴史を持つ中国は、本人たちは意識していないにしても、先人たちの生きる知恵を身につけているのだ。

中国共産党の創設者・毛沢東も「孫子」をはじめとする「孔子」などの古書を猛勉強し、その戦略立案に大いに役立てている。毛沢東戦略もまったくのオリジナルではなく、「孫子の兵法」に学んでいることは中国では周知の事実であり、「鄧小平理論」も然りだ。

数々の為政者、指導者たちが学び、実践したそれぞれの兵法、戦略は「勝つ」ことを第一の目的としており、驚くほど共通項がある。「孫子の兵法」は、まさにその集大成といってよく、大競争時代に欠かせない必読の書といえよう。

●「孫子」とは？

「孫子」は、いまから二五〇〇年ほど前、中国の孫武という兵法家によってまとめられた兵書だ。当時の中国は、春秋戦国時代で、大小さまざまな国が群雄割拠し、生き残りをかけた戦いに明け暮れていた。その中で、孫武は兵法家として重宝がられ、兵書をまとめたのである。もちろん、孫武の時代のみならず、そこから数百年、あるいは千数百年前の戦史からも勝ち残るためのノウハウを抽出したに違いない。

「孫子」は、一三篇から成り立つが、文字数にして五五〇〇字余りである。四〇〇字原稿用紙にして二〇枚にも満たず、意外に少ないのは、オリジナルのものが完全に残っているわけではないという事情のほかに、短い言葉の中に真実が驚くほど凝縮されているからだ。

解釈によっては、さまざまな場面に応用でき、異なったとらえ方をしている解説書もある。本書は、現代のビジネス・シーンにあてはめ、「孫子」のエッセンスを少しでもくみ取れるように書かれてある。「孫子」に出てくる敵を、「ライバル」「商売仇」だけでなく、「上司」「仕事仲間」「仕事上の問題点」などと当てはめれば、さらに分かりやすくなる。現代に置き換えてあるため、オリジナルの意味するところを拡大解釈している部分もあるが、ご容赦願いたい。

「孫子」すべての兵法を紹介しているわけではないが、あらかたのエッセンスは理解できるようになっている。入門書としてとらえていただいて、ぜひ、オリジナルの「孫子」にも目を通していただきたい。けっして難解な書ではない。

最後に、本書をまとめるにあたって協力いただいたライター仲間のやまもととし子さんに感謝したい。彼女の獅子奮迅の働きがあって本書は完成した。

第2章 問題点を解決する

第3章　相手を説得する

第4章　情報を集める

第5章　相手の機先を制する

装丁　若林　繁裕
マンガ　大渓　恵理子
編集協力　㈲天才工場

第1章　人を動かす

三軍の権を知らずして

孫子 *1*

指示系統を無視するな

◆トップの横ヤリ

ある製造業の社長、「ちゃっちゃとやらんかい」が口グセである。抜き打ちに現場を見に行き、あれこれと改善の指示を出す。そのこと自体は悪い事ではない。しかしこの社長、気付くとすぐその場で、たまたま近くにいた社員に、それを命じてしまうのである。指示系統も何も飛び越えて実行してしまうので、担当者が当惑することもしばしばだ。

ある日工場のラインを見て回った後、倉庫にダンボールに入らない製品が山になっているのを見た。社員に聞くと、梱包箱が届いていないという。

「お前らな、製品は我が子と同じやろ。こんなにしといて、胸が痛まんか?」

すぐさまその場にいた営業の社員に、下請けの段ボール会社に電話させ、一方的にまくしたてた。「梱包箱がないんや。きのう今日の付き合いやなし、なんとか急いでくれんか」無理に頼みこんだ甲斐あって、箱は翌々日納品された。

◆混乱を招き、現場はヤル気をなくす

実は工場の発注責任者は、箱がないことを重々承知していたのである。しかし別の急ぎの納品があったため、段ボール会社には、そちらの箱を優先させるよう頼んでいた。それを知らずに社長が横ヤリを入れたため、現場は大いに混乱したのである。

実はこの会社では、他の部署でも似たようなことがしばしば起こるため、担当者は自分で決めるのを避けるようになっていた。常に社長の承認を確認しないと、横ヤリがはいって二度手間になったり、それまでの働きが無駄になったりするからである。

そんな社員の心を知ってか知らずか、社長はあいかわらず「ちゃっちゃとやらない社員」を叱咤激励しながら、駆け回っている。

—— 三軍の権を知らずして

よっ、今日の工場視察よろしく案内たのむよ
工場の営業担当
あっ、社長! お待ちしておりました
商品Aがムキ出しで山積みだがどうしたんだ?
梱包用のダンボールがまだなんですよ
それはいかん! キミ、すぐ電話して商品Aのダンボール、至急納入させなさい
えっ、しかし私は営業で、発注担当では……
いいから早く!!
翌日・・・
ああっ!? なぜ商品Aのダンボールがもう来ているんだ? 来週でいいのに… 商品Bの方を先に入れてもらうように言ってたのに
実は社長が昨日…
発注担当者
どうなっているんだ
??
商品Aのダンボールがじゃまで、急ぎのB用のダンボールを入れるスペースが足りませんが……
ちょっとーAとB、どっちが優先なんですかー? 急に変更されても準備もありますし……
下請けダンボール会社
まったくもう~~ 社長にも困ったもんだ 私にひとことでも言ってくれればいいのに
発注担当、頭をかかえる、の図。

疑を去れば死に至るまでいく所無し

孫子 2

部下に自信をもたせよ

◆自信が、向上につながる

部下に自信をもたせるのは、上に立つ者の務めだ。孫子の原典「疑を去れば云々」の部分は、戦の前に部下が勝利への疑いを抱かぬようにせよという意味だが、ここではそれを「できるという確信を持たせよ」と理解したい。

どんな人間にも得意不得意はあるし、仕事を覚える速度にも違いがある。さまざまな部下の一人ひとりについて、それぞれ自信の持ち所を発見し、ほめてやるのが人を育てる極意である。

どんな小さな事でも「褒められる」「認められる」ことは嬉しい。その積み重ねが自信につながり、もうひとつ上を目指す足がかりにもなるものだ。

◆「どうせ」は伝染する

ただし稀に、褒めどころが見つけにくい者もいる。こうした部下には特に配慮が必要だ。その部下のためでなく、チーム全体のパワーを落とさないためにである。

「どうせ」と自信をなくしている部下をそのままにしてはいけない。そうした「マイナスのヤル気」は意外に伝染力が強いのである。横並びの好きな日本社会では、一人の「どうせ」が全体を足踏みさせ、「プラスのヤル気」を減退させる原因にもなる。

こうしたメンバーがいた場合の対処として、実害のない範囲の仕事だけを任せるのもひとつの方法ではある。しかし他のメンバーが「あいつだけ楽をしている」と思うようでは、全体のチームワークに問題が生じ、別の問題がおこる。

なんとか力にあった仕事を任せて、小さな達成感でもよいから、数多く味わわせることだ。こうした人間には「できた」という体験を重ねることが必要なのである。

——— 疑を去れば死に至るまでいく所無し

告ぐるに言をもってするなかれ

孫子 3 指示は一度に一つ

◆「ついで」で叱るな

部下には必要な事柄だけを伝えよ、指示に余計な言葉や文書は不要であると孫子は説く。これは部下や後輩を叱る時、特に心掛けたいところである。

「君、この書類に誤字があるよ。客先に出すんだからよく見直したまえといったろう」

課長に新人のW君が叱られている。いつもながら、課長の小言は長くなるのが難である。最後には、何でよばれたのか分からなくなってしまうので、皆にいやがられている。

「ネクタイも曲がってるぞ、些細なことから気が緩むんだ。人はみかけによらないというが、ビジネスマンは見た目にも気を配らんといかん。おいおい、アドバイスを受ける時ふてくされたような顔をするな。社会人のマナーの基本もしらんのか」

◆小言は一度に一つ

W君は、出掛ける時間が迫っているので気が気でなく、つい「はい、はい」と二度うなずいてしまう。すかさず課長の言葉が追う。「返事は一度でいいんだ。そういえば君は朝の挨拶の声が小さい。あれはいかんね。それに君、机の上に物をおきすぎてないか、物の乱れは心の乱れだ、それにね…」

これでは部下は「うるせーおやじだ」と思うだけで意欲を失ってしまう。結局、本来の指示もきちんと届かない。指示する者はあれもこれもと欲張ってはいけない。特に注意を与える場合は一度に一つというのが基本である。

一つに絞ろうとすることで、こちらの頭も冷静になる効果がある。注意する時は問題を絞り込んで明確に、そして感情的にならず淡々と語りかけるのが効果的だ。もちろん、改善された時を見逃さず褒めるというフォローも忘れてはならない。

——— 告ぐるに言をもってするなかれ

よく兵を用うる者は、役再び籍せず

孫子 4

人使いの下手な上司は見通しが悪い

◆嫌われる理由

人使いが荒いといわれる総務部長、実は段取りが悪いため指示に無駄が多いのだ。新人のA君は、この部長のおかげで一日中走りまわらされる。

「A君、経理部長に先日の会議の資料をお返し戴きたいといって、受け取ってきてくれ」「あ、ありがとう。それからこの伝票、経理のC君のハンコが必要だった」「おお、早いな。あ、忘れてたんだが、この書類コピーして秘書室のDさんに届けておいてくれるか、秘書課は経理の隣だから」

まとめて指示すれば一度で済む用事を、整理せず思いつきで口にするため、A君は何度も同じ場所に行かされる。早くも移動の希望をだしたらしい。

◆落語に学ぶ

「化け物使い」という落語にも、人使いの下手な隠居が出てくる。ある御家人の隠居、前述の総務部長のように、思いつきで人を働かせるため、屋敷には奉公人が居つかない。

その隠居が化け物屋敷に引っ越した。最後まで残っていた飯炊きも、化け物を恐れて暇をとり、その晩から、大入道やら一つ目小僧、のっぺらぼうが現れる。隠居は恐れるどころか大歓迎。のっぺらぼうに肩をもませ、大入道に雨樋の掃除を命ずる始末。

「ついでにマキも割ってくれるか。茶碗は洗ったら伏せて置けよ。それから裏庭の草も抜いてもらおう。あと風呂に水を汲んでな。庭の落ち葉ぁ掃いたら、台所の水瓶を一杯にして、ぐるりの廊下にちょいと雑巾がけしたら、後はゆっくりしていいから」

ついに化け物がネをあげた。「こんなに化け物使いの荒い屋敷には住めません」というのがオチである。人に仕事を命ずるなら、働きがいのある命じ方をしないと、部下の心は離れていく。

―――― よく兵を用うる者は、役再び籍せず

服せざれば即ち用い難きなり

孫子 5 相手のペースをつかんでから

◆新しい職場で

「卒いまだ心服せずして之を罰すれば即ち服せず。服せざれば用いがたきなり」

　敵に対する前に、まず将は自分の兵士と対峙しなければならない。自分に親近感を抱いていない兵士は、素直に命令には従わないものだ。かりに命令に服従しても、「あうんの呼吸」で戦いを展開できるまでには、お互いが理解し合わねばならない。そうなる前に叱り付けたり罰すれば、兵士の心は離れてしまう。孫子はこの一節で、敵と戦う前に将が越えなければならないハードルを示している。

　Gさんは、部下の意見をまず聞いてから調整して指示を出すタイプである。しかし今度配置された営業所の前所長は、親分肌で、グイグイ引っ張るタイプだったらしい。所員はそのやり方にすっかり慣れているので、すべてに指示を待っている。

◆お互いに理解すれば

　Gさんは、大人なら仕事は自分で考えて決めるのが当たり前だと考えていたし、前任地ではそのようにして業績を延ばしてきた。

　しかし、親分タイプに慣れていた所員は、Gさんを頼りにならない所長だと感じていた。

　Gさんはまず自分のやり方に馴染みそうなE君とSさんに、簡単なことから「自分で決めてもいい」ということを理解させた。元々自立心の強い二人は、すぐにそのやり方に慣れただけでなく、周囲にも自分のテンポで仕事をする面白さを説いてくれた。

　半年後、所員たちは「どうしましょう」でなく「こうしたいんですが、いいですか」と相談にくるようになった。ようやくGさんの方法に馴染んで力を発揮し始めたのである。もちろん営業所も成績を伸ばし始めた。

――― 服せざれば即ち用い難きなり

孫子 6 敗者を活かせ

——敵の一鐘（いっしょう）を食するは吾が二十鐘にあたり

◆兵站は戦の要

兵站は時に戦の勝敗を決する。現代でも千人に弁当を配るとすれば、何人で配れば間に合うか、配る時まで保管する場所はあるか、飲み物はどうか、寒い時期なら暖かい物をだせるか、後のゴミはどうするか、食べ終わった人が昼休みに一度にトイレに行った場合に収容しきれるか、など検討事項が山ほどある。ちなみに石田三成は兵站に能力を発揮したので、重用されたという。

孫子の時代、戦とは大量の人とモノの移動であった。トラックなどないのだから、物資を遠くまで運ぶ手間を考えると、敵の地域内で食料を得ることは二重の手柄である。こちらの物資を確保するだけでなく、相手の力を削る効果もあるからだ。敵地で得た食料一トンは、自国から運んだ食料二トンにあたるというわけである。

◆人材も二倍活かせる

これを人材に置き換えて考えてみたい。はじめからできる人間に仕事をさせれば、プラス1の実績は当然だ。しかし、それはもともと期待されたものだけに、プラスマイナスはゼロ。一方失敗した人間、落ち込んでいる人間を励まし、育てることで、よい成果を上げることができれば、それまでのマイナス1をプラス1に変えることができる。つまり二倍の価値があるわけだ。組織を動かすのであれば、こうした醍醐味を味わいたいものである。

しかし逆にいえば、失敗したことのない「優秀な」人材が失敗した場合は、それが二倍のダメージにはならないよう、配慮する必要がある。

本人の気持ちをフォローするだけでなく、そのことが周囲に与える心理的影響も配慮し、マイナス2にならないようにせねばならない。

――― 敵の一鐘を食するは吾が二十鐘にあたり

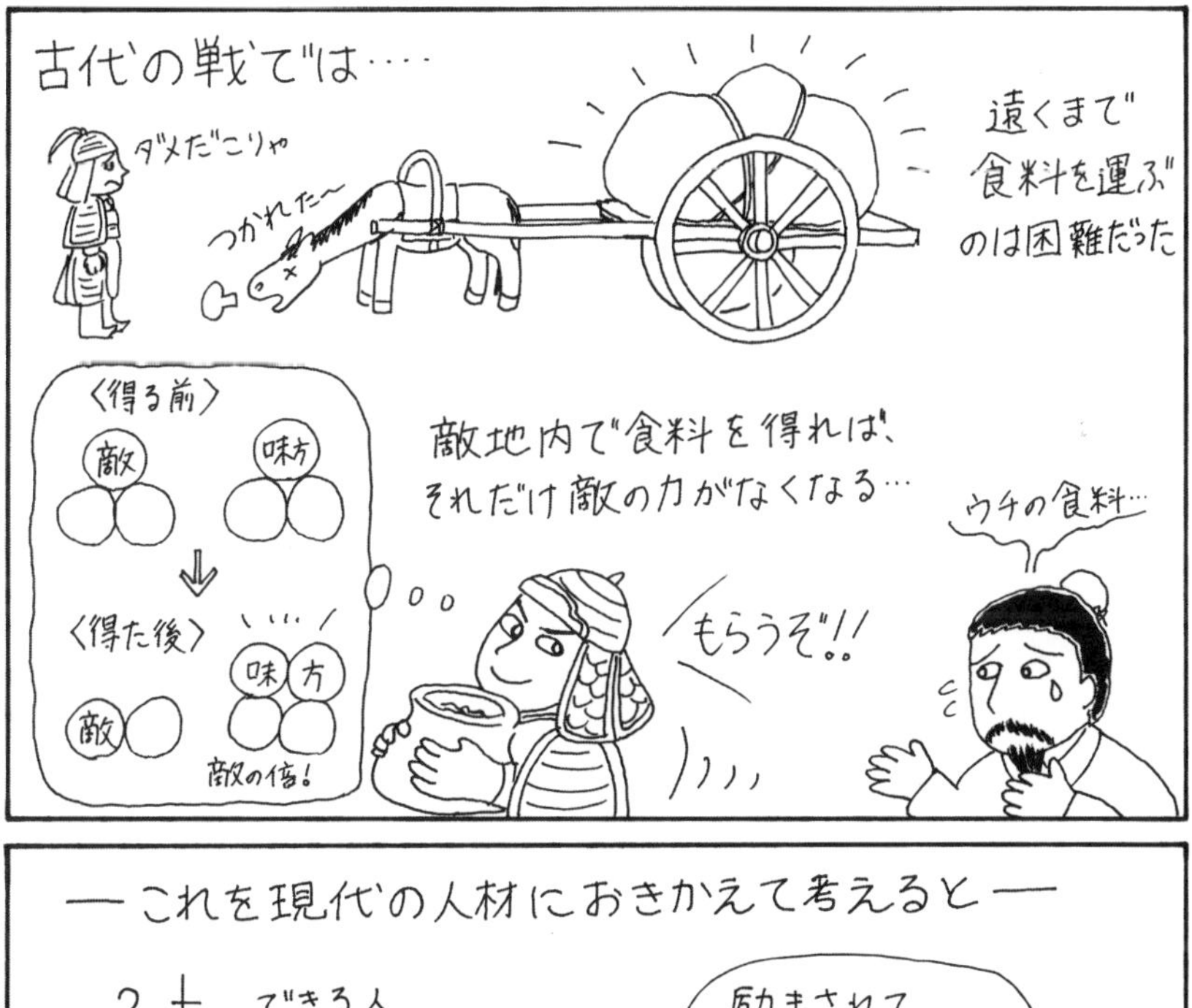

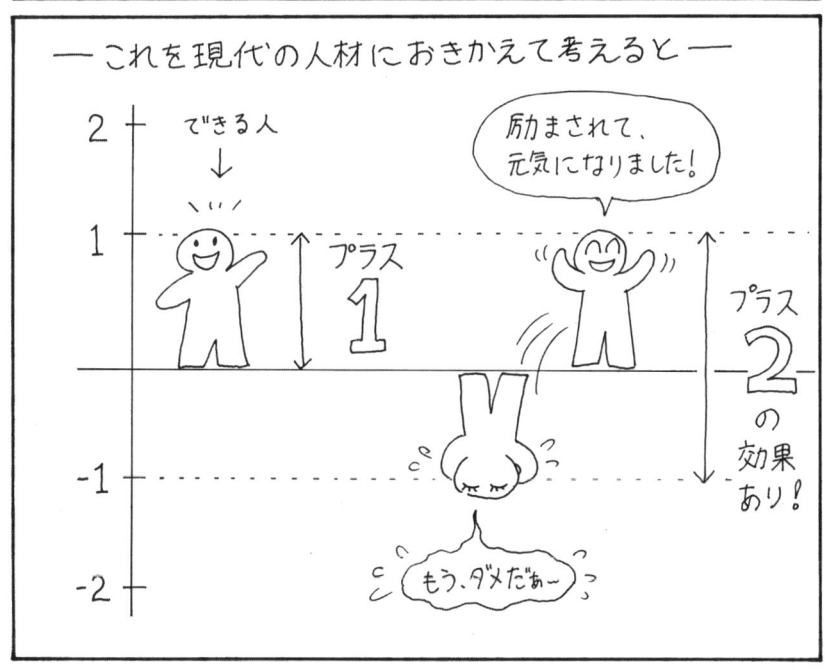

勝は知る可く為す可からず

孫子 7 できないのは、やらないだけ

◆「できない」と「しない」の違い

「為さざるなり、能わざるに非ざるなり（できないとよく人はいうが、それはしないでいるだけのことだ）」とは、孟子にある言葉である。

◇◇をするべきだきと思っても「できない」という人は多い。たとえば、イヤな相手に頭を下げるような場合だ。身体的には上半身を前に倒すだけのことだ。身体に故障がある場合を除けば、できないことではない。それをできなくさせているのは心だ。できないのでなく「やりたくない」か「やる気がない」のである。気持ちが行動を制限してしまうのはよくあることだし、それは、ある程度仕方がない。しかしそれに流されてはいけない。

◆心で止まるなら、心で成功につなげることも

見方を変えてみよう。できるのに、心が止めているということは、心で後押しすることもできるということだ。

できます、やります、という肯定の言葉を口に出してみよう。言葉には「ことだま」という霊力があるという人もいる。そんなことは信じない人でも、自分の声で「やりましょう」「できます」と言うのを、音声として耳から脳にフィードバックすると、気持ちのありように変化がでてくるのが自覚できるはずだ。

逆に「できません」「だめです」の言葉はエネルギーを低下させる。事実を認めることは必要だし、根拠のない楽観はビジネスに許されるものではない。ただし否定するなら納得できるだけの根拠をもとう。気分だけで可能性を止めてはならない。「そんなことできない」というと、いかにも潔いように見える場合があるが、そんなヒーロー気分に酔っていては仕事にならない。

—— 勝は知る可く為す可からず

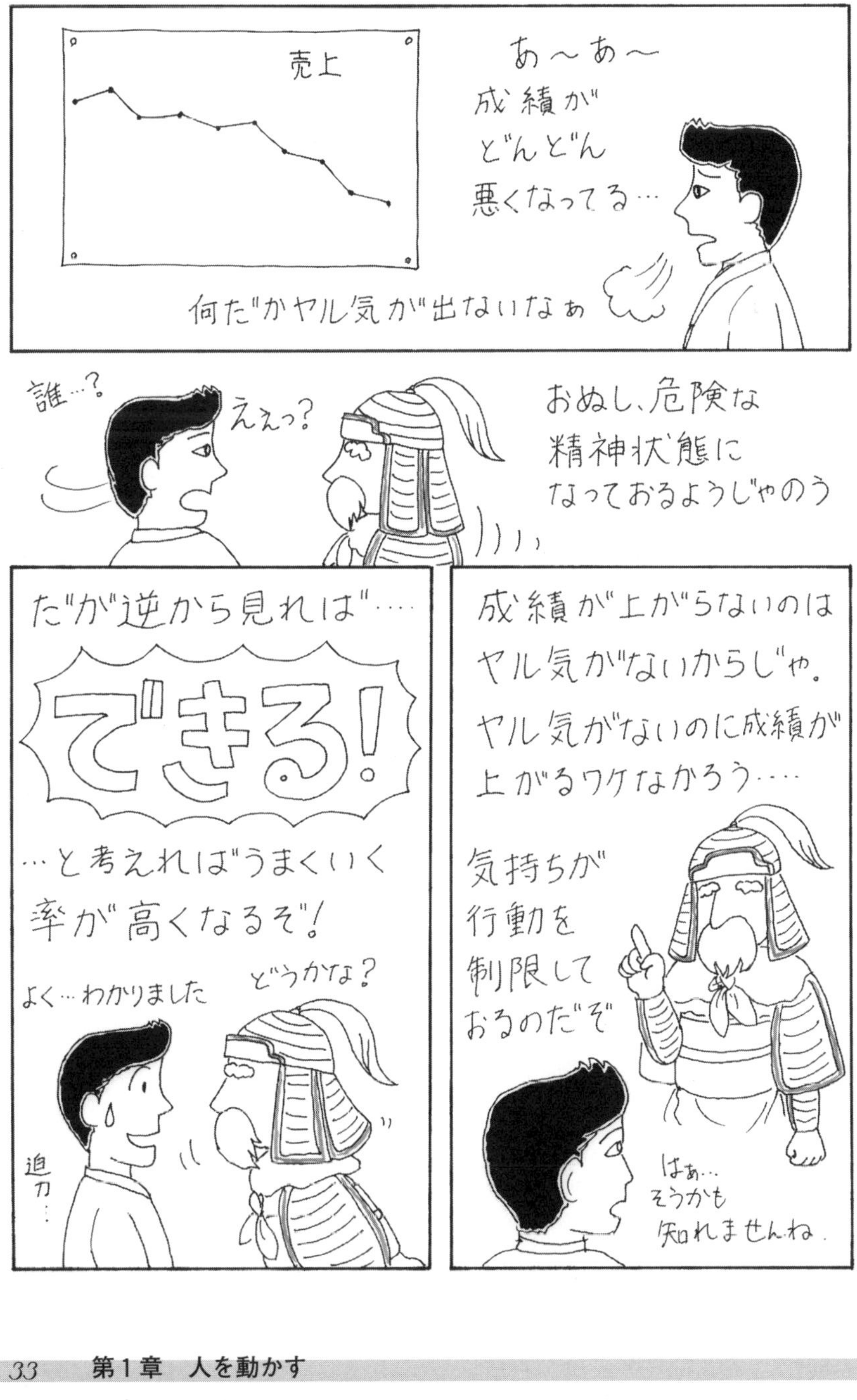

――よく兵を用うる者は、譬（たと）えば率然のごとし

孫子 **8**

「期待している」の一言の効用

◆期待すれば応えてくれる

兵法に長じた優れた将に指揮されると兵士は「率然」のように、縦横無尽の働きをする。

率然とは常山という山に棲む大蛇である。頭を切ろうとすれば尾が攻撃してくる。尾を切りにいくと、頭をもたげて咬みつきにくるという手ごわい怪物である。この率然のように、敵を悩ませる軍隊となる。部下をこのようにするには、部下の心を掌握すること、そしてリーダーに心服させる必要がある。

人の心を掴みこちらの期待に応えてもらうには、さまざまな方法があるが、ストレートに「期待しているよ」の一言が、意外に有効である。期待に応えて欲しければ、まず期待すること。そしてそのことを口に出して、相手に伝えることだ。

◆言葉の持つ力

明治維新の雄、伊藤博文は吉田松陰の弟子であったが、かなりできが悪かったらしい。松陰も内心はあきらめていたという。しかしその心を抑え、言葉に出しては「お前はきっと大物になる」と言い続けた。人は言われ続けているうちに、そのような気になるものだ。事実、彼は大物になったのである。

カメラマンは撮影の時、モデルに「すばらしい」と声をかけつづける。タレントを売り出すプロダクションも、ほめちぎることで、普通の女の子をスターに変貌させていくという。

こうした効果を「ピグマリオン効果」という。ピグマリオンはギリシャ神話に出てくる王様の名である。彼は象牙で作った女神像に恋をしてしまった。その真剣な恋に愛の女神も心をうたれ、像に命を吹き込んだので、生身の女性となって、王を愛することができるようになったという。期待し、女神さえも動かして期待を実現させたわけである。

――― よく兵を用うる者は、譬えば率然のごとし

諄々《じゅんじゅん》翕々《きゅうきゅう》として徐に人と言うは衆を失えるなり

孫子 9 言葉数が多いのは、説得力に欠ける

◆最初は言葉から

日本の社会には、古来から、流暢に喋る者をやや軽んじるところがあった。「巧言令色少なし仁」という言葉も、しばしば引用される。「沈黙は金、雄弁は銀」ともいう。どうも日本の社会では話をする人間は分が悪いようだ。

しかし人を動かす場合に、言葉は必要である。取引の場面でも、部下を動かす場合でも、まず最初は言葉ありきであろう。もちろん態度で示すことも必要だが、人間社会はすでにジェスチャーだけでものごとを伝えるには複雑になりすぎている。

滑らかである必要はないが、ツボを押さえた話ができることは、特に人の上に立つなら必要な能力だろう。要領悪くグスグズと喋る者の話を、人はあまり身を入れて聞けない。まして部下の心は他所に向いてしまうだろう。

◆小出しに言っても効果はない

小言と金は一度に出すほうが効く。人の話を聞くのが職業の心理カウンセラーなら、遠慮しいしい、とぎれとぎれに語られる話にも耳を傾け、つなぎ合わせてくれるだろう。しかし仕事の場で人はそこまで付き合ってくれない。

立て板に水で話す必要はない。ポツリと漏らされるだけなのに人の心をつかむ言葉というのもある。それは、何を伝えたいかが語り手の中で明確だからである。話はまとめて、効果的に。そのためには頭の中を整理しておくことだ。仕事をするなら、誰に何をやってもらうか。いつまでにするか。責任者はだれか。そんな事をきちんとしないで仕事を始めてしまう展望のない指導者だと、「こんなことは言いたくないんだけどね」なんてグズグズとした小言を、遠慮しいしい言うことになる。

――― 諄々翕々として徐に人と言うは衆を失えるなり

――主、戦うなかれというも、必ず戦いて可なり

孫子 **10**

現場に決定権を与えよ

◆小回りや瞬発力が求められる時

すべてトップの許可を得ないと物事が決定しないという組織では、メンバーが自分で考える力を失うだけでなく、仕事そのものの進行もさしつかえる。

阪神・淡路大震災の時は、さまざまな公的機関の仕事が、すべて東京の指示待ちで行われたため、対応が遅れに遅れ、被害を大きくした一因ともなった。

古代ローマ帝国軍は圧倒的な強さを誇ったが、その理由の一つに、現場の執政官に絶対の権力を与えたということがあげられる。時にはトップの指示に反してでも現場の判断で動いてよいとなれば、判断力・統率力を求められ、責任感も持たされるかわりに、現場のヤル気はおおいに上がることになる。

◆時には反発しても

日本の刑事物の映画に、主人公が「事件は会議室じゃない、現場でおこってるんだっ」と叫ぶシーンがあった。もともと熱血漢タイプなのだが、すべてが現場感覚のないキャリアによる会議の場で決まるという機構に対する、精一杯の反抗発言である。

日本には、現場の人間は判断などせず、忠実な歯車になることで繁栄を実現してきた経緯がある。日本人のサラリーマンは、無人島に美女と二人っきりで流されても、本社に指示を仰いでから行動するというジョークがあるほどだ。

しかしこれからも、そのまま進むとは思えない。部下には、組織に致命傷を与えるようなことでない限り、失敗を認める度量を持ちたい。

「自分で戦えるフィールド」を与えるのだ。少々手傷を負っても、それが次のリーダーを育てることになる。マネージャー教育の確立していない日本では、まさに現場の判断でリーダーを育成していくしかないのである。

——— 主、戦うなかれというも、必ず戦いて可なり

廉潔（れんけつ）は辱しむべきなり

孫子 11

杓子定規になるな

◆リーダーとしての弱点

リーダーたるもの、率先してルールは守らねばならない。しかし、杓子定規に規則を遵守するばかりでは人の上に立つだけの人格とはいえない。

孫子は、相手方の将軍の弱点をつければ勝てるとして、攻めどころをみつけやすいリーダーの五つのタイプをあげている。

①必死になるタイプは視野が狭いので罠に誘いやすい。②命を惜しむタイプなら捕虜にしやすい。③カッとしやすいタイプのペースを乱すのは簡単だ。そして④が、この杓子定規タイプ。潔癖を逆手にとって侮辱すれば度を失わせることができる。⑤情にもろいタイプは兵士に苦労を強いることができないので、戦意を失わせるには、兵士を傷めつければよい。

◆「潔癖」か「融通がきかない」なのか

この五つは見方を変えれば、リーダーに必要とされる資質でもある。ただ「過ぎたるは…」のことわざ通り、あまり偏りがあると、人をまとめていくには困る場合もあるということである。

あるゼネコンの部長は、下請け業者からのお中元・お歳暮の類は一切受け取るなと指示を出している。潔癖な部長は返送手数料を自分で負担し、すべて送り返させる。しかしカレンダー、タオルの類まで送り返すとなると数も多く半端な手間ではない。

部長は、本来の業務でないからと、時間外に返送の作業をする。「よかったら手伝ってくれんか」といわれて、S君はタイムカードを押した後で梱包や伝票記入を手伝うのだが、どうも釈然としない。

万事がこの調子で「正論」しか言わない。部内で行う会議も低調になるし、これといって難はないが「もうひと頑張りしよう」という気になれないのだ。S君は職場の移動を希望している。

——— 廉潔は辱しむべきなり

なんというムダ使い!!
す、すみません
80
郵便はがき
お客さん
まだ残っているじゃないか!
あれま…
トイレの電気を消さんか!!
あっ!
すいません忘れてました
どうせまた小言でしょ…
明日の打合せの資料、よろしくな!
おーい
はあ
ええ

敵の変化によりて勝を取る者、これを神という

孫子 **12**

上司としては、相手に合わせた対応を

◆同じゴールを目指しても

相手に合わせて対応を自在にし、成功を収めることを、孫子は「神業」という表現で表している。

女性の進出が進む中、女性は使いにくいという管理職はまだ多い。まず「女性」とひとくくりにする見方に問題があるが、今の時点では「慣れていない」ので仕方がないとも言える。そんな管理職にこそ、ぜひ「相手に合わせた神のごとき対応」を身につけて、女性の部下を上手に育ててほしいものだ。

完全に均等な社会とはいえない現在、男女を同じに扱うには無理がある。しかし組織の中で、個々の特性を把握して指導してこそ管理職といえよう。男はリーダー女は雑用という時代はすでに終わっており、女性の管理職が男性の部下を従える例も少なくない。いつまでも「不慣れ」ではいられまい。

◆結論の導き方に違いがある。

人材育成に定評のあるＹ社長はこのように言う。

「性別よりは個人差の方が大きいのだが、たしかに男性社員と女性社員ではおなじゴールを目指すにしても育て方が違うと思う」

同じポジションを目指す場合にも、指導の仕方は変わるということだ。Ｙ社長は「女性を叱る時は、ほめる所もみつけてから叱る。話をする時間も男子社員の三倍かける」という。

会話にたっぷり時間をかけるのは、多くの場合、女性は話の核心だけでなく周辺まで話すことによって納得するからだそうだ。

納得さえすれば女性は言われたことを素早く理解し、守るという点で男性より能力が高い。「そんなめんどうな」といってはいけない。違いを見抜き、配慮をすることにより、部下の能力が引き出せるのだ。管理職ならではの大きな楽しみではあるまいか。

相手に合わせた対応を…男性と女性とでは育て方が違う
(もちろん個人差はあるが)
〈男性の場合〉
話をする時、しかる時
核心 だけ。
彼の性格を考えると、ごちゃごちゃ言わない方がいい…
ハイ わかりました
〈女性の場合〉
必ず入れる!
『ほめ所』
核心
周辺のこともいろいろ入れて話す。
女性に話をする時、男子社員の3倍、時間をかけるという社長
ハイ わかりました

将、能ありて君御（ぎょ）せざる者は勝つ

孫子 **13**

部下の力を引き出すには

◆勝てる五つの場合

孫子の基本は「戦わずして勝つ」だ。戦略について説く〈謀攻〉の章の中で、彼は次のような五つの例を挙げ、このような場合は勝てると述べている。

①戦うべき場合、戦うべきでない場合の判断ができる者は勝つ
②兵力の違いを知り、それに応じた戦い方をわきまえている者は勝つ
③君主と将軍、将軍と兵士など上下の者に共通の利害が認識されている場合は勝つ
④よく考える者が、あまり配慮しない者を相手にする場合は勝つ
⑤将軍が有能で、君主はこれを信頼してすべてを任せていれば、勝つ

この項のタイトルに引用したのは、最後の⑤の部分である。

◆率先型の係長と何もしない係長

A、B二人の係長が同時に就任した。A係長は切れ者で知られ、自ら率先して部下を引っ張っていくタイプ。一方B係長はどちらかといえばオットリ型で「君はどう思う?」と、部下に聞きながら進めていくタイプ。見方によってはいささか頼りない。この二人、A係長の方が業績を上げるとだれもが考えていた。

しかし二年たってみると、B係長の方が成績を上げていた。A係長は、全員を自分のやり方で指導しながら引っ張っていた。彼は優秀だが、この方法だと、彼を上回る人材は出にくい。

B係長のグループは、ひとり一人がそれぞれのやり方で仕事をしている。思いがけない方法にも、B係長は口を出さない。結果として各人が大きな成果を上げ、自信をもつようになってきた。

——— 将、能ありて君御せざる者は勝つ

——害に陥りてしかる後よく勝敗を為す

孫子 14

困難にあうと人は力を発揮する

◆あえて挑戦させる

人は瀬戸際に力を発揮するという。火事場の馬鹿力ともいう。人間は、ギリギリの状況では、本人が考えているより少し上の力を発揮できるものらしい。ある調査によれば、人は自分が苦労して手に入れた物に対しては、たやすく手に入れた場合よりも高い評価をする傾向にあるという。苦労して完了した仕事であれば、達成感もそれだけ大きいのだ。

リーダーであれば、部下の能力をなるべく引き出してやりたいと思うのは当然である。それがマネージメントの醍醐味ともいえる。

いささか困難に見える課題でも、あえて挑戦させることで、予想外の力を発揮させることができることもある。それをクリアできれば、彼ら自身の達成感も大きいものとなる。

◆初めての「進行役」で自信

保健婦のNさんは人前で話すのが苦手だ。市で主催する健康教室も、いつも先輩のDさんが進行役をしてくれる。Nさんは裏方に徹していればよかった。

ある日Dさんが「明日急に用事ができたの。U町の生活習慣病教室はお願い。外部講師を呼んでるから、ご紹介くらいはあなたもできるでしょ」といった。五〇人の住民の前で話すと思っただけでNさんは膝が震えた。当日、講師は「いい司会でしたよ」とほめてくれたが、何をしたかも覚えていない。

翌日Dさんに言われた。「保健婦は人前で話すことにも慣れなくちゃ。いつまでも苦手意識に負けてたら仕事にならないから。昨日は無理に一人でやってもらったけど、少しは自信がついたでしょ」確かに、自分でも何とかできたという嬉しさは、思いのほか大きかった。Dさんの”急用“は、Nさんへの配慮だったのかもしれない。

——— 害に陥りてしかる後よく勝敗を為す

兵は勝つを貴び久しきを貴ばず

孫子 **15**

小さい目標から

◆見えないゴールには向かいにくい

戦争が莫大な消費であることは今も昔も変わらない。孫子は短期に決めることの重要性を説いた。長引く戦いは、国を疲弊させるからである。

ビジネスには長期の展望も必要だ。しかしあまりに遠いゴールは、意欲をかきたてにくい。マラソン・ランナーも、前を走る選手の背中が見えてこそ追い上げるエネルギーが湧いてくるというものである。

江戸時代、徳川幕府は江戸を起点にいくつもの街道を整備した。道には宿場もできたが、その間には数キロごとに一里塚というものが作られた。旅人はこれを目安に「次の一里塚まで」と疲れた足を励まして歩いたのである。

◆仕事にも一里塚

大きな目標の達成には、目の前に見える小さなゴールをいくつも設定していくとよい。いきなりの大目標はいかにも遠く、不可能にも思われることがあるが、小さなゴールを繰り返すことで、知らず知らずに成果に近づいていける。

保険のベテランといわれるHさんも、かつては外交の難しさに泣く新人だった。自分には営業の適性はないと思っていた。その頃、先輩に教えられた。『毎日今日はこれで終わりと思ったときに、とりあえず、もう一軒だけ訪問しなさい』。

何も分からずもう一軒だけ、素直に実行してみた。「一年をトータルすると、訪問数は百以上増えることになるでしょ。それだけ違うと、中には成果につながるものもあるのよ」とHさんは言う。

いきなり「契約数何割アップ」などといわれれば気も重く、どうすればいいか分からなかったろう。しかしもう一軒の訪問なら新人にもできた。手の届くゴールが大きな成果につながったのである。

—— 兵は勝つを貴び久しきを貴ばず

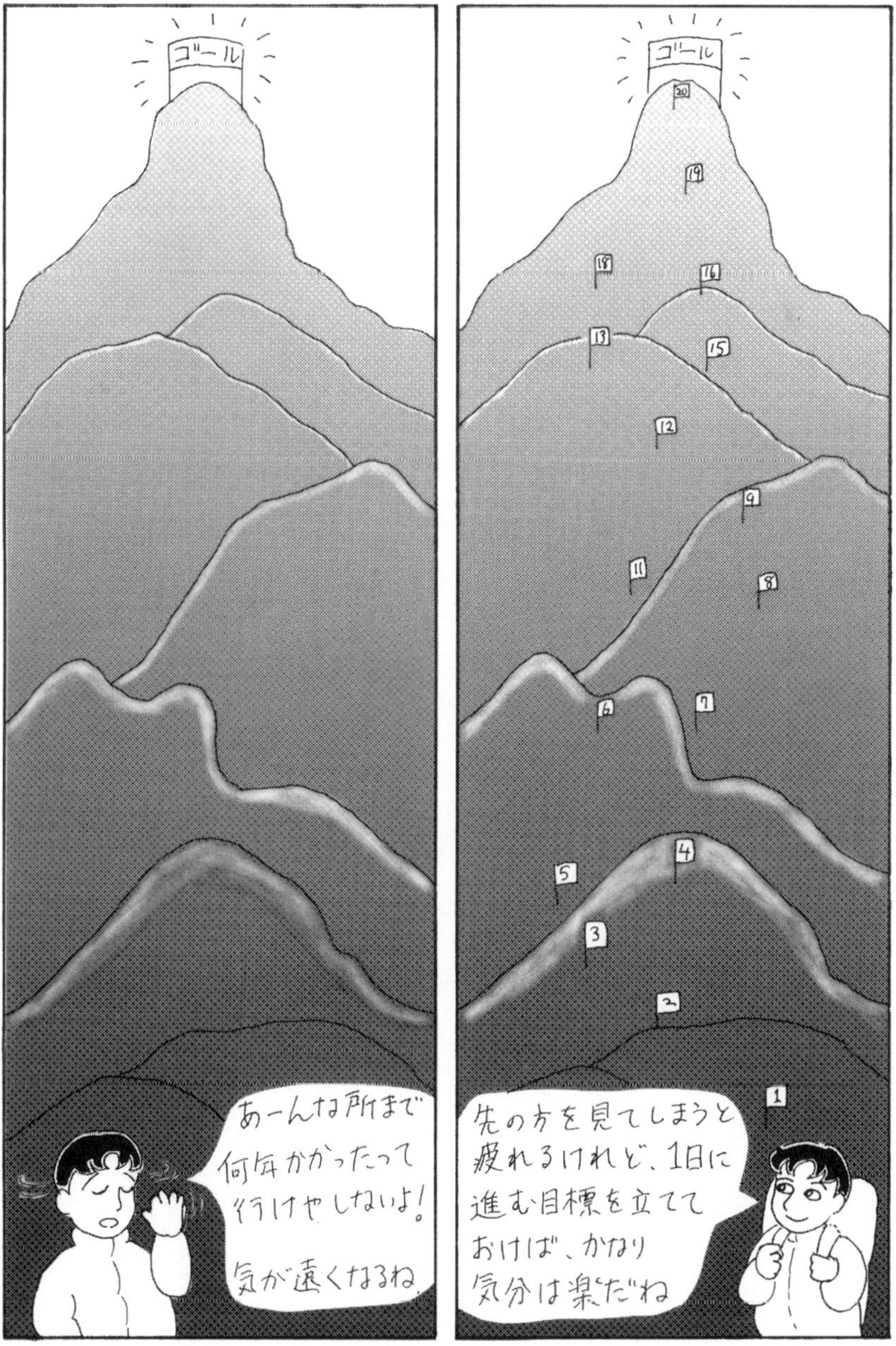

無法の賞を施し、無政の令を懸(か)く

孫子 16

期待を裏切って相手の心をつかむ

◆「つかみはOK」にするために

名将とよばれる程の人物は、兵士の力を最大限に引き出すことを考える。そのためには、まず兵士の心をつかみ、一つにしておく必要があることはいうまでもない。そのため戦いに先立っては、まず平素の標準を大きく上回る、破格の褒賞を与えることだ。また違反したものには、厳しい処分を与えることも効果がある。

厳罰はともかく「予想外の」をうまく使ったのが田中角栄という人である。彼は人の心をとらえるのがうまいと言われた。まず部下や官僚を決して人前では叱らないなど、配慮もする人であったといわれるが、やはりモノを言ったのは「かさ張らなくて一番役立つモノ」の配り方であったらしい。その渡し方が実に見事であったと、永田町では今も語られているほどである。

◆必ず期待を上回る

彼の所に傘下の代議士が金銭の不足を相談しにくる。すると彼は必ず、何も聞かないうちに、相手の希望金額より少し多めの現金をポンと渡したという。相手の求めに応じて現金を渡す政治家は多いが、聞かないうちに必ず相手の求める額を読み取り、それより多くを渡した点というのがすごい。

普段から相手のことをよく知っていてこそできることだから、角さんに関心をもたれていたという、そのことがまず相手を喜ばせ、かつ恐れさせる。そして困ったときに、思いがけず多めにもらえる金は何よりありがたい。こうして信奉者を確実にふやしていった。元になる財源あってのことだが、いくら持っていても、ポンとは出しにくいものである。

なお孫子のいう褒賞とは、品物でなく勲章など名誉や地位のことである。

―――無法の賞を施し、無政の令を懸く

軍に百疾（ひゃくしつ）なし

孫子 17

社員の健康は会社の基本

◆兵士の健康が必勝の要

引用した言葉は、次のような文章の一部である。

「およそ軍は高きを好みて下きを悪み（ひくきをにくみ）、陽を尊びて陰を賎み、生を養いて実に処れば（おれば）軍に百疾なし。これを必勝と謂う」

軍を配置するには、低地を避けて高い所に陣を構え、日の当たる南を選んで北側を避ける。そのうえで栄養と休養に気を配れば、兵士は健康で気力も充実する。これこそ必勝の用兵である。

兵士は使い捨ての備品ではなく、気力だけでは戦えない。兵卒が健康でいてこそ、十分に戦い、兵法も生かされるというものである。こうした部分に触れると、孫子の兵法が机上の論ではなく、現場を把握した合理性に基づく考え方であることが伺える。

◆健康を社是にする企業

「健康・熱意・人格」これは、ある広告代理店の社是である。先代の社長が定めた。社員の健康に気を使う会社は多いが、社是にまで取り上げる企業は少ないのではないだろうか。

しかし広告とは社会に働きかけていく仕事である。それを不健康な人間が行ってはいけないと、先代は考えたらしい。

広告という公共性のある情報を提供する人間は、心身ともに健やかでありたい。健康でいてこそ、いい仕事ができるし発想も柔軟に広がるのだと現社長もいう。

健康日本21が提唱され、健康への取り組みが国民レベルで論じられる昨今、この社是を決めた先代の先見性は注目に値する。

ある広告会社の社是：
人格
熱意
健康
広告業界というのは生活が不規則になりがちだから、健康には人一倍気を使いたい、ということさ。
いい仕事をしたいなら、社員が健康じゃなくっちゃね！
健康が社是、…ですか？
社長 →

——民をして上と意を同じくし

孫子 **18**

一人ひとりに声をかける

◆生死を共にする気になるか

原文は「道とは、民をして上と意を同じくし、之とともに死すべく、之とともに生苦べく、畏危せざらしむなり」というもの。孫子の兵法の冒頭の一節である。戦いは国の存亡に関わる大事なので、道、天、地、将、法五つの条件により検討されなければならないと書かれている。

その第一に挙げられている「道」とは、国民が指導者と心を一つにして、生死を共にしてもよいと思わせることができるかどうか、ということである。

国であれ企業であれ、小さなグループであれ、リーダーに求められるものの第一はこの事かもしれない。生死を共に、とまではいかずとも、この人間となら最後まで付き合おうという気にさせてくれるリーダーかどうか。メンバーをその気にさせることができれば、その集団は活力を持つようになる。

◆出陣のひとこと

戦国時代、四国を平定した長宗我部元親は、出陣に際して必ず、兵士の一人ひとりに声をかけたという。それも相手の名前を呼びながら、「◎◎殿、あっぱれな武者ぶり」「◇◇殿の見事なお働きをお祈り申す」と、ほめ言葉を添えたという。

全員を前に「がんばってくれ」といっても、それほど心に残らない。頑張るのが自分だという実感も湧きにくい。しかし一人ひとりに個別に声をかけられれば「自分のこと」として考えるようになる。

部下に声をかけるには、その名前だけでなく、家族のことなどもある程度把握しておくと効果的だ。現在小さな会社を経営するJ氏は、若いころ初めて勤めた会社で「お母さんのカゼはどうかね」と、社長から声をかけられた時の驚きと感動を、三〇年たった今もハッキリ覚えていると語る。

よくある光景
この辺になるとほとんど聞いていない
社員諸君、がんばろう！
何となく聞いてはいるが…
社長からじかに話をされておどろいたよ
私も若かったなあ…
お母さんのカゼはどうかね？
あっ、ハイ、おかげさまで…
どうしてそれを知っているんだろう？ 社長ってすごいねー
J氏→

囲む師は必ず闕（か）く

孫子 **19**

逃げ道をふさいではならない

◆逃げ道を残せ

原典は「囲む師は必ず闕く。窮寇には迫るなかれ。これ兵を用うるの法なり」と続く。「闕く」はガス抜きの小穴のように隙間を明けること。敵を囲んだ時も少しのスキは残して、敵に逃げ道を作っておけという意味だ。

これは武士の情けというような精神論でなく、極めて合理的な考え方による。窮寇とは追い詰められた敵のこと。「窮鼠、猫を咬む」の譬えにもあるように、追い詰められ逃げ場を失った相手は危険だ。双方の無益な消耗を避けるためにも、逃げ道は残せということである。

現代に当てはめるなら、正論ばかりで相手を追い詰めてはいけないというところだろうか。部下が何かの言い訳にヘタなウソをついても、時には聞き流すくらいであっていい。多少の隙間がないと、人は息が詰まってしまうものだ。

◆あえて見逃して、次につなげる

Y係長は入金が遅れているK社に電話を入れた。十年以上お付き合いをしてきた優良クライアントでもあり、あまり杓子定規にはしたくない。

K社のM経理部長が電話口に出た。「うちのパソコンが誤作動しまして。送金手続きが一部実行されとらんかったんです。なまじ一部は送れたもので、銀行との照合もあり、少し時間を戴きたいのですが」。どうも白々しいのだが、幸いいつもの月より金額も少ないので、Y課長は特例の稟議をあげることにした。翌月、M部長がやってきた。

「実は不渡りを食いまして。Yさんの所ともう一社だけが気持ち良く待ってくれて、助かりました」

翌月以降、他社に発注していた分までY係長に発注がくるようになった。

――― 囲む師は必ず闕く

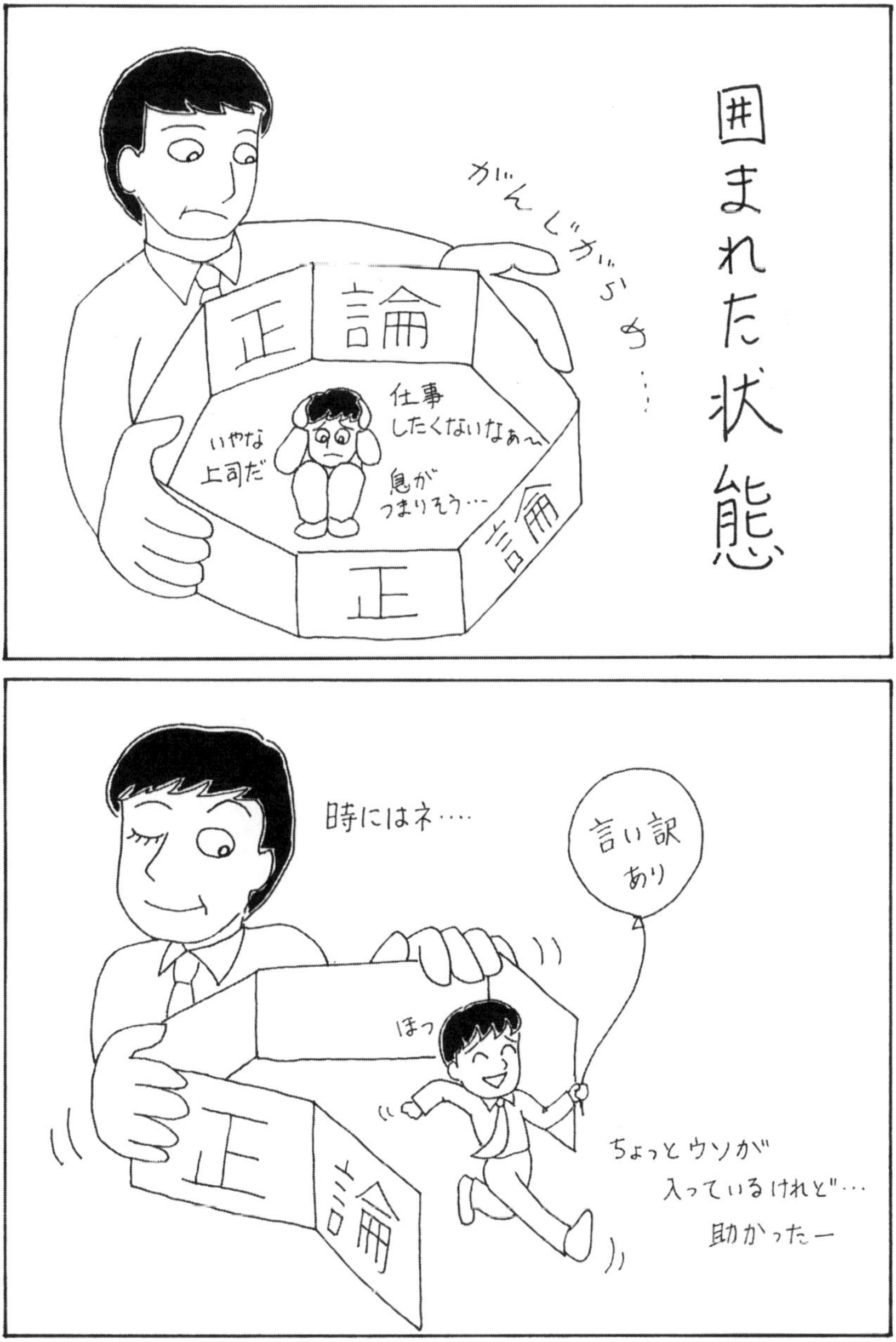
囲まれた状態
がんじがらめ…
正論
正論
仕事
したくないなぁ～
いやな
上司だ
息が
つまりそう…
時にはネ…
言い訳
あり
ほっ
正論
ちょっとウソが
入っているけれど…
助かったー

民を愛するは煩わすべきなり

孫子

20 あえて情を断つ決断も必要な時がある

◆情に流されれば戦は負ける

「愛民」は、将の立場にある者が陥りやすい危機として孫子が挙げる五つの状態の、一つに数えられている。愛民とは情にもろいという意味である。

中国語を日本語で読み下す時は、読み手の理解により語順が変わったり、主語が変わったりする。この一文も「情にもろい将は、その弱点をつかれやすい」とする場合と「（敵の中に）情にもろい将がいたら、その弱点をつくべきだ」と読む場合があるようだ。情にもろい将の弱みとは、兵士や国民が苦しむのを見ていられないという点である。

現代社会にあてはめると、情にもろい上司とは、たとえば部下を叱る事ができない者のことである。こうしたリーダーは、チームをまとめるのに困難な場合がある。

◆情に流されると統率はとれない

部下の失敗や規則違反を、逃げ場のないところまで追い詰めることはよくない。しかし詰めが足りない場合も問題は残る。厳しい態度が取り切れないまま放置すると、ほかの部下が不満を持つ可能性がある。「なんだ、あんなことが許されるのか」と思ってしまうと、職場の緊張感が失われグループの統率はとれなくなる。また、真面目な部下までが影響を受け、けじめをなくす恐れがある。

取引においても、情のありすぎる対応はよい結果を生むとは限らない。事務機の会社に務めるL君は、いつも遠慮が過ぎてクライアントに請求ができない。G商事の場合も、請求書を送ったのだが、月末になっても入金されないと経理から報告がきていた。

そんな用事で訪問するのも気が引ける。といって電話で強い催促をするのも気が重い。一日延ばしにしているうち、G社は倒産してしまったのである。

―――民を愛するは煩わすべきなり

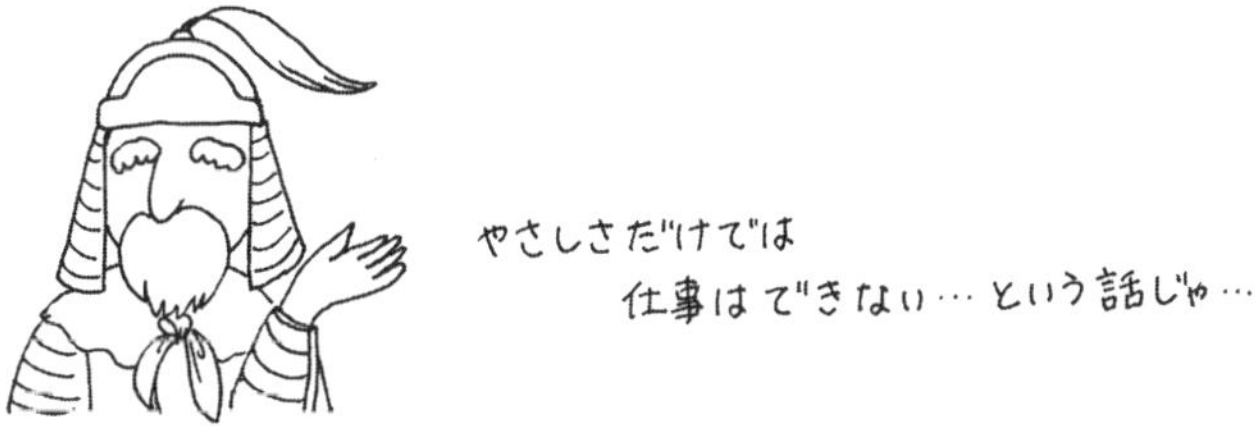

その人を戦わしむるや木石を転ずるがごとし

孫子 21

音楽は心に弾みをつける

◆労働歌には効果があった

ゴスペルがブームになっている。もともとは黒人音楽で、アメリカに奴隷として連れてこられた彼らが労働しながら口ずさんだ歌である。神をたたえる内容が多いのは、彼らの財産も身分も保障されない生活の中で、唯一心のより所とできたのが、信仰だったからだろうか。そのシンプルな力強さに打たれる人は多い。伴奏なしに人間の声だけで、驚くほど厚みのある音が出せるのだ。最近は日本でもゴスペルのグループが活躍している。

日本の民謡も多くは労働歌であった。樹を切りながら、脱穀しながら、機織りをしながら、網を引きながら人は歌を歌い続けてきた。どの歌も仕事に合わせたリズムになっている。舟歌は櫓の動きに合うし、追分は馬の歩みに合わせたテンポなのである。

◆労働効率はたしかに上がる

歌は、単に労働の辛さを忘れるためだけではない。実際に単純労働をした場合、音楽ありの場合と音楽なしの場合を比べると、明らかに能率があがるというデータも有るという。眠気覚ましに、気分転換に、集中力のアップに、音楽は有効なのである。

自分で口ずさむにせよ、耳で聞くにせよ、音楽やリズムをうまく取り入れることで、まさに「木石を転ずるがごとく」仕事に弾みをつけることができそうだ。実際に工場、オフィスなど場所と目的別の環境音楽のCDが発売されている。

なお仕事がうまく行かず落ち込んだ時にも、音楽は心の癒しに効果がある。気持の沈んだ時は明るい曲を聞けばよさそうに思えるが、実は、あまり明るい音楽だと自分の気持との差が大きすぎて、受け入れにくい。むしろ静かなバラードなどの方が、気を取り直すきっかけになるそうである。

労働には
音楽が
つきもの…
ノリのいい
音楽で
能率が
上がるねぇ…
音楽には人の心を
まとめる効果が….
へぇ～
エレベーター内に
BGMを流す会社も….

卒を視ること愛子の如し

孫子 22

部下との距離の取り方を考える

◆親の心、子知らず

同じ一節の中には、別項で述べた「卒を見ること嬰児の如し」の言葉もある。嬰児は赤ん坊、愛児はわが子のこと、どちらも部下を慈しむことの譬えとして使われている。原文は「卒を視ること嬰児の如し。故に之とともに深渓に赴くべし。卒を視ること愛子の如し。故に之とともに死すべし」である。死すべしとは、ビジネス・シーンではおおげさかもしれないが。

昨今は部下との距離の取り方も難しいようだ。あまり濃密な関係を嫌う若者が増えているので、こちらが「愛子のごとし」と思っても、相手は「うっとおしい」と感じているかもしれない。まさしく「親の心、子知らず」はどこの世界にもあるようである。

◆それでもたまには、ちょっと一杯

かつて「飲みニケーション」は職場の潤滑油といわれた。しかしそれも「今は昔」になりつつあるらしい。上司と飲むより友達と一緒がいいという若者や、外で飲むより家で好きなコトしたい という若者が増えているからである。

残業の後、せっかく部下をねぎらうつもりで誘ったのに「まだ付き合わせるのか」と思われたのでは、おごり甲斐がないというものだ。彼らが本音でどう考えているのか、正確に知る決め手はない。

しかし「いま時の若い者は、昔ほど、上司におごられるのを喜ばない」ということを腹に入れておけば、片や「おごってやった」と思っているのに、片や「つきあわされた」と感じるような食い違いは、少なくなるだろう。

ちなみに若者は、自分たちに迎合するような相手を信用しない。無理して「同じ土俵」に立とうとするより、聞き手に回るというのもオトナのスタンスである。

——— 卒を視ること愛子の如し

卒を視ること嬰児（えいじ）のごとし

孫子 23

部下に引き留められる上司になれるか

◆おごればよいというものではないが

あるオーナー社長が、自社の若い課長についてこんな話をしてグチをこぼした。

今度の課長にね、今の課になってから、部下と飲んだことがあるかと聞いたんです。すると当然のような顔で「ありませんが」というんです。なんで自分がおごらにゃいかんのか、という顔をするんですな。課長になって丸一年ですよ。部下と話をしてみたいと、思わんのですかね。

彼の所には下請けから商品券やビール券がくるんです。うまく使えば、自分の懐を痛めなくても、一度や二度のおごりはできるはずなんですが。貰ったものは、自分の物だと思ってるんでしょう。

「リストラの多い時代に、飛ばされかけた時、部下が『あの課長を残してください』と、社長に直訴するような、そんな課長になれるか」と叱ったんですが、彼に理解できたでしょうかねぇ。

◆人の上に立つことは

孫子は「赤ん坊のように慈しめば、兵士は将軍に従って危険な場所にもついてくるものだ」という。

赤子のようにとは、何もできない者としてではなく、無条件に慈しむべき対象として扱う、というニュアンスであろうか。

モノを与えるか与えないかの問題ではない。気にかけてもらっているという充足感が、部下の心をつかむのである。金がなければ無理に全額おごるのでなく「一〇〇〇円会費で飲まないか」という誘い方もあろう。昼休みに一人でコーヒーを飲むのでなく、課員に缶入り飲料をおごることもできる。

数千円で部下の心がこちらを向いてくれるなら、安いものではないか。おごられても一緒に飲みたくない、とまで思われているなら論外だが…。

―――― 卒を視ること嬰児のごとし

士卒いずれか練れる

孫子 24 社員のマナー教育の意味

◆会社のレベルが出る

社員の躾でその会社のレベルが知れるとはよく言われる。いまの社会では、子供時代から躾を受けるチャンスがないまま育ってしまう若い人が多い。親の世代がすでに、躾をうけないまま親になってしまったというのも事実だ。家でも学校でも、お勉強は教えるが、お行儀は教えない。地域社会もそうした教育機能を失って久しい。しかしビジネスの場では最低限のマナーは必要だ。そこで、社員教育で初めてマナーを教えるということになるのである。

ある企業では、男女を問わず新人教育の際に、冠婚葬祭のマナーから茶道まで学ばせるという。仕事には直接むすびつかないが、ここまで徹底してマナーを身に付けるということが「一流の企業に勤めた」という自覚とプライドにつながり、長期的には大きな成果になるという。

◆孫子の比較

孫子はその国が戦争に勝てるかどうかを測るのに、七つの比較をするという。

①どちらの君主の治世がよいか
②どちらの国の将軍が有能か
③どちらの地形がめぐまれているか
④どちらの法律が整っているか
⑤どちらの軍隊が強いか
⑥どちらの兵士がより訓練されているか
⑦賞罰は公平か

社員のマナーは、いってみればこの⑤と⑥に相当するものであろう。

マナー教育の導入に対しては、女性の社員の方が早く反応するという。会社への評価が彼女自身の中で高くなり、仕事への意欲が喚起されるらしい。誇りを持って働くようになるのである。

冠婚葬祭のマナー
あんな時
こんな時
ここまで教えてくれる会社は少ない…
茶道も!
えーと3回まわして…何だっけ?
足が…しびれてきた
なんていい会社に就職したんだろう!

――能く士卒の耳目を愚にし、之をして知るなからしめ

孫子 **25**

「これさえやれば」と指示できるか

◆部下に何を教えるか

原典には「不安や混乱をさけるために、部下には自分の考えをすべて示してはいけない」という意味がある。また作戦的にも、名将は同じ戦法をとってはいけない。味方の兵士にさえ、どこを通っているのかを悟られないようにせよという。

孫子は「何も知らせるな」といっているが、ここでは、部下を育てるために何を知らせるべきか、何をやらせるべきかを明確にしよう、という意味にとらえて考えてみたい。

困難な時代だからといって「とにかく頑張ろう」では人はついてこない。孫子ではないが、利をもって誘わないと人は動かない時代である。

◆何をしてほしいか

あるベンチャー企業の社長は、社員に、あと5分早く会社に来て仕事をしようという提案をして、意識を改革してきた。一匹オオカミの多い中途採用の社員に、もっと働けといっても反発を買うばかりだ。しかし朝の5分という設定は、どの社員にも無理なく受け入れられた。

結果的には、仕事に速やかにはいるきっかけができたため、午前中の仕事の効率がかなりよくなった。そのことが社員にも自覚されたので、意欲が高まり、さらによい循環を呼んだという。

実行しやすい提案で、心を一つにしていった例である。こうした提案は、耳にしたらそのまま考えずに実行できる表現がよい。「時代を先取り」というような「何をすればよいか明確でないスローガン」は、掛け声で終わってしまうので無意味である。

何をするか、という具体的な行動の指針でありたい。新聞を二紙読もうとか、あいさつだけは英語にしてみようなどである。

—— 能く士卒の耳目を愚にし、之をして知るなからしめ

こういう時代なので、
とにかく。がんばりましょう!
と言われても…
何をがんばるんだ…
ボーナスも給料もカットでやる気なんて…
なぁ
しら〜〜っ
あるベンチャー企業にて
社長
みなさん、あと5分早く来て仕事をしましょう!
了解!
おう
5分ネ
ほとんど全員が中途採用だからなぁ…
もっとがんばって働いて下さい
なんだなんだ まるでなまけているような言い方だね!
気にいらねえ
やめてもいいんだよこっちは
grrr….
みたいな事を言おうものなら… 一匹オオカミばかりだから…

COLUMN 1

政治にも「孫子」の発想を！

「孫子」のなかに「戦力の逐次投入」を戒める有名な戦略がある。

たとえば敵の要塞を一〇〇人で攻撃したが、損失が大きく五〇人に半減したところで、五〇人の兵隊を追加で投入したとする。それでも要塞は陥落せず、また五〇人に半減した時点でさらに五〇人を再投入。結局、五〇名の兵隊を六回投入したところで、要塞は陥落した――。

この戦略で稚拙なのは、兵力を小刻みに出した点で、最初に戦力が半減した時点で、三〇〇人を一気に投入するべきだった。要塞はもっと早く陥落し、損失も少なく済んでいたはずである。

日露戦争当時、日本陸軍はこの戦力の逐次投入で、多くの戦死者を出している。しかし、勝利によってその失敗と責任は、うやむやにされてしまった。

話は現代に戻るが、政治もこの「戦力の逐次投入」で多くの失政を重ねている。橋本龍太郎元首相は、在任中、財政再建を政策の最優先事項に挙げた。そのため経済政策に失敗したとの批判が相次いだが、財政再建を重要事項に挙げたのは間違いではなかったのではないか？その評価は後世に委ねるとして、経済政策で失敗だったと思われるのが、財政投融資の方法だ。景気を刺激するため財政出動。効果がないと見るや、何回も繰り返した。

戦力と同じように財政出動も、何回かに分けた分を一度にまとめて投入していれば、効果は違っていたはずだ。「景気」の「気」は、まさに「気分」の「気」で、「政府は本気で取り組んでいる」という気概を見せてくれれば、民力も力づけられていただろう。

いま、不良債権処理で、同じようなことが繰り返され続けている。

第2章　問題点を解決する

之を犯（もち）うるに事をもってし

孫子 **26**

責任でなく事実を追及する

◆原因とは”事実“のことである

軍を動かす場合は、言葉や文章でなく行動で指揮せよというのが孫子の原典だが、ここでは「事」を事実と読み替えてみた。どんな場面でも、事実をきちんと把握するということが重要である。

日本語には「事情」というあいまいな言葉があって、しばしば「事実」と「情緒（感情）」が一緒に語られてしまう。原因を探っていたはずなのに、いつのまにか責任者探しになってしまったり、その責任者の首がすげ替えられて、背景となる事情は全く変わらないまま、という事態は日本の社会では珍しくない。

これからの時代を勝ち残るのに、こうした曖昧な解決はよい結果を生まない。従業員全員で、事実を見る訓練をした結果、本当の改善に成功した企業の例を紹介しよう。

◆部品取り違えの原因

U社の生産ラインで、しばしば部品の取り違えが起こった。「取り違えに注意」とポスターを貼っても改善は見られない。当事者に聞けば「私の不注意でした」と頭を下げるだけだ。

依頼を受けたコンサルタントは、「原因は」でなく「取り違えの時に何が起こったのですか」と質問を変えた。分かった事実はこうであった

部品Aと部品Bのストックは、同じ色の箱に入って同じ棚に並んでいる。同じ系統の部品だから当然と、誰も疑問を持っていなかった。しかしそこで部品を取り出す時にミスが発生していたのである。

ならば事実を変えればよい。片方の箱の色を変えてみたところ、事故は激減した。責任感や注意力も大切だが、ものごとの改善には「事実」からとらえる視点が必要という事例である。

——— 之を犯（もち）うるに事をもってし

之を往く所なきに投ずれば、死すとも且つ逃げず

孫子 27

背水の陣は「勝ち」が見えてこそ有効

◆逃げ道がなければパニックもない

孫子は、敵地深く入り込んで逃げ場のないところに来てしまえば兵士はかえって落ち着き、死に直面しても恐れず戦うものだと説く。なまじ故郷に近い所で戦う敵方の兵士の方が、ふと家族の事を思ったりして、戦いに専念できないものなのだ。

心理学の実験でも、パニックはなまじ逃げ道がある場合のほうが起こりやすいという。一筋の道が見えると、人はそこを目指して殺到するのだ。古代ローマ時代、シーザーはこの効果を知っていたらしい。兵士を率いてイギリスに上陸した際、乗ってきた船を焼き払った。こうなったら前進しかないことを示して、兵士の心を一つにしたのである。

◆最後のひと押しに

中国の故事「背水の陣」という言葉もよく知られている。「やるしかない所に追い込めば力を発揮できる」というニュアンスで使われる。しかしビジネスを考えた場合、展望も準備もなく追い込むだけでは単なる無謀であろう。

孫子も冒頭の言葉の前に、派兵するなら食料を十分に確保し、休養させて、体力気力を充実させておけと述べている。こうした裏付けがあってこそ、死地に追い込んだ兵士は力を発揮するのである。

プランは十分に練られるべきである。そして実行のための準備も十分に整えるべきである。その上で、実施する際の思い切りをつける時、「やるしかない」の状況は効果を発揮する。

ダムは水をせき止めて満々とたたえるからこそ、その水を一気に落とした時、岩をも流す勢いになるのである。人も、ただ追い込むだけではいけない。力を蓄えさせて（つまり準備や訓練を十分にして）おくから、背水の陣が生きるのである。

——— 之を往く所なきに投ずれば、死すとも且つ逃げず

古代ローマ時代…シーザーの例:
兵たちよ、もはや前進あるのみだ!
ざわ……
オレたちの乗って来た船が…
もえてる〜っ
戻れないな…もう
ざわ……
……という例があってね…
なまじ逃げ道があるから
パニックになるんだ
準備がととのって、あとは
心を1つにさえすれば、
『最後のダメ押し』
としてのビジネス背水の陣は
生きてくるんだよ!
そうなんですが…
ガンバリます!!

──客たるの道は深ければ即ち専らに、浅ければ即ち散ず

孫子 28

デメリットもメリットに

◆遠きにありて思うもの

輸送や本国との通信などを考えると、敵地に深く入って戦うことはいかにも不利なように思える。しかし、視点を変えるとこのように理解できる。

故郷を離れた兵士は、いくら家族の事を考えてもできることはない。むしろ戦に専念して、早く勝って帰ろうという意識になる。一方、なまじ故郷に近ければ、兵士の心は家族に向く。ちょっと寄って顔をみようか、そんな気持ちも起こるだろう。なまじ近いばかりに戦いに集中できないこともあるのだ。

◆渋滞にも効用があった

このように、一見デメリットのように見えることも、視点の移動でメリットとしてとらえることができる。その一つの例を東京都のバスに見ることができる。

東京の都バスが、車体に広告をつけるようになった。広告に使える面積も大幅に大きくなっている。広告のフィルムで車体をくるむようにするので、ラッピングバスという。

ともすれば地下鉄と自家用車に押されがちな都営バスだったが、これが広告媒体として注目されはじめたのである。広告媒体というのは、見る人が多ければ価格が上がる。テレビのＣＭも、ゴールデンタイムが高いのと同じである。

それまで渋滞で、時刻通りに運行できず評判の悪かった路線（新橋・渋谷間など）が、このラッピングになってから見直されている。歩いている人の目に触れる確率が高く、しかも渋滞なら、ゆっくり見てもらえるからである。

乗客は多いのに、問題のある路線という印象だったバスが、いまや年間を通じて、広告費の稼ぎ頭になっている。

客たるの道は、深ければ専らに、
浅ければ即ち散ずる
故郷から遠い戦場
うおおお〜っ
敵地で不利そうだが、兵は戦いに集中する
故郷に近い戦場
おっと
元気にしているかなあ
アナター
パパー
家が近いために気になって集中できない
デメリットのように見えることも、
メリットとしてとらえることができるのだ…
どうとらえるかは君次第じゃ！
—東京の都バスの例—
〈以前〉
渋滞がはげしい路線…
のろのろ〜 もたもた〜っ
都営バス
入口
出口
もうーサイテー
いっつも遅れていやだねえ
〈現在〉
「ラッピングバス」登場!!
GREEN GUM
案外面白い…
ちょっとカッコイイ
新鮮かも！
いいCMになっているもんだなー

朝気は鋭く、昼気は惰(だ)し

孫子 29 「お詫び」をするなら午後がよい

◆朝、昼、夜

孫子は人の心の変化を、朝は鋭敏で、午後は緊張がとけ、夕方は休息願望が強くなるという。気についてはともかく、実際、午後はあまり集中力の必要な仕事はさけたほうがよいかもしれない。

この変化を利用して、自分に有利な展開を図ることができるのではないだろうか。

これはあるベテラン営業マンの知恵である。彼はクレーム処理や難しい条件の話は、あまりしない。その代わり午後一番に行くことにしているという。

何かやっかいな事が起こった場合、早めの処理が第一と、とにかく駆けつけるべき場合もある。しかし多くの場合、朝早い時間帯は、仕事の仕掛かりなどで、気を散らされるのを嫌がるものだ。

中には前日の酒が残っていて、辛い人もいるかもしれない。お詫びするにはありがたくない相手である。午前も昼に近いと、今度は空腹で人間は怒りっぽくなっている。夕方は疲れて帰りたいのだ。こんな時にクレーム処理の話は適さない。

◆午後は気持ちが落ち着いている

ではいつ行けばいいのか。昼食の後で血液が消化のために胃腸に回っている頃、つまり、机に向かうと居眠りが出そうな時間帯にいくと、やっかいな話も受け入れられる率が高いそうだ。クレーム処理には、まさに適した時間帯である。

できるビジネスマンの多くは、朝、頭がスッキリした時間帯にデスクワークを済ませるようにしているという。処理を終えたら、午後は、少し体をつかうような仕事をする。たとえばお得意回りや、溜まった古い資料の処分などだ。自分の体調も含め、「タイミングを見る」力が、仕事には大切である。

——— 朝気は鋭く、昼気は惰し

ベテラン営業マンのクレーム処理
タイミングが大切！
朝
早めの処理が第一、とは言っても…
朝の忙しい時に何だ！
むっ
午前
昼に近いと…
あーおなかへったなー
イラッ
ちえっまたまちがった
午後一番
昼食後の、一番眠い時間帯である
リラックスしているので意外と素直になっている→
エエ…
実は少々申し上げにくいのですか…
夕方
今日もつかれたな～早く帰りたいな…
ややこしい→話はしたくない状態
なー

——その攻めざるをたのむなく

孫子 **30**

安全のために、万全の備え

◆不確かな予測より、確実な守り

原典は「その攻めざるをたのむなく、吾が攻むべからざる所をたのむなり」というもの。敵の攻撃はあるかどうか予測できない。そんな不確実なことを根拠にするのでなく、確実なこと、つまり自分の側の守りを固めて攻撃に耐えられるように準備しておくほうが、戦いに際してははるかに実際的で、効果的である。

このことを頭では理解しているのだが、実際の生活はどうだろう。「大丈夫だろう」で片付けていることが意外に多くはないか。だいたい我々は、ほとんどが明日の朝も目覚めるつもりで床に入る。その根拠は「大丈夫だろう」である。寒い日にチョットそこまでコートなしで出掛ける。風邪は「たぶんひかない」と思っている。顧客への訪問を一日延ばすのも「明日でもいいかな」と考えるからである。

◆全部の卵を安全に

A社の販売する卵のパッケージには、すべて「サルモネラ菌対策済み」と書いてある。サルモネラ菌は、食中毒の原因となる細菌だ。卵表面につく鶏のフンからの感染、および鶏の胎内で卵の内部に菌がはいる母子感染もある。経費の関係から全鶏にワクチンを投与する会社は少ない。鶏の健康を害する病気への対策は不可欠だが、サルモネラは、実は鶏自身には影響がないのだ。そこで、卵の洗浄程度で済ませるところが圧倒的に多い。

しかし百万羽に一例でも、お客様に感染すれば大変なことになる。そう考えるA社の社長は、あえて手間と費用をかけてワクチンの全鶏投与をしている。「卵は、特に高齢者や子供には大切な栄養源です。大丈夫かもしれない、というだけでワクチンをやめる訳にはいきません」と社長は語る。

――― その攻めざるをたのむなく

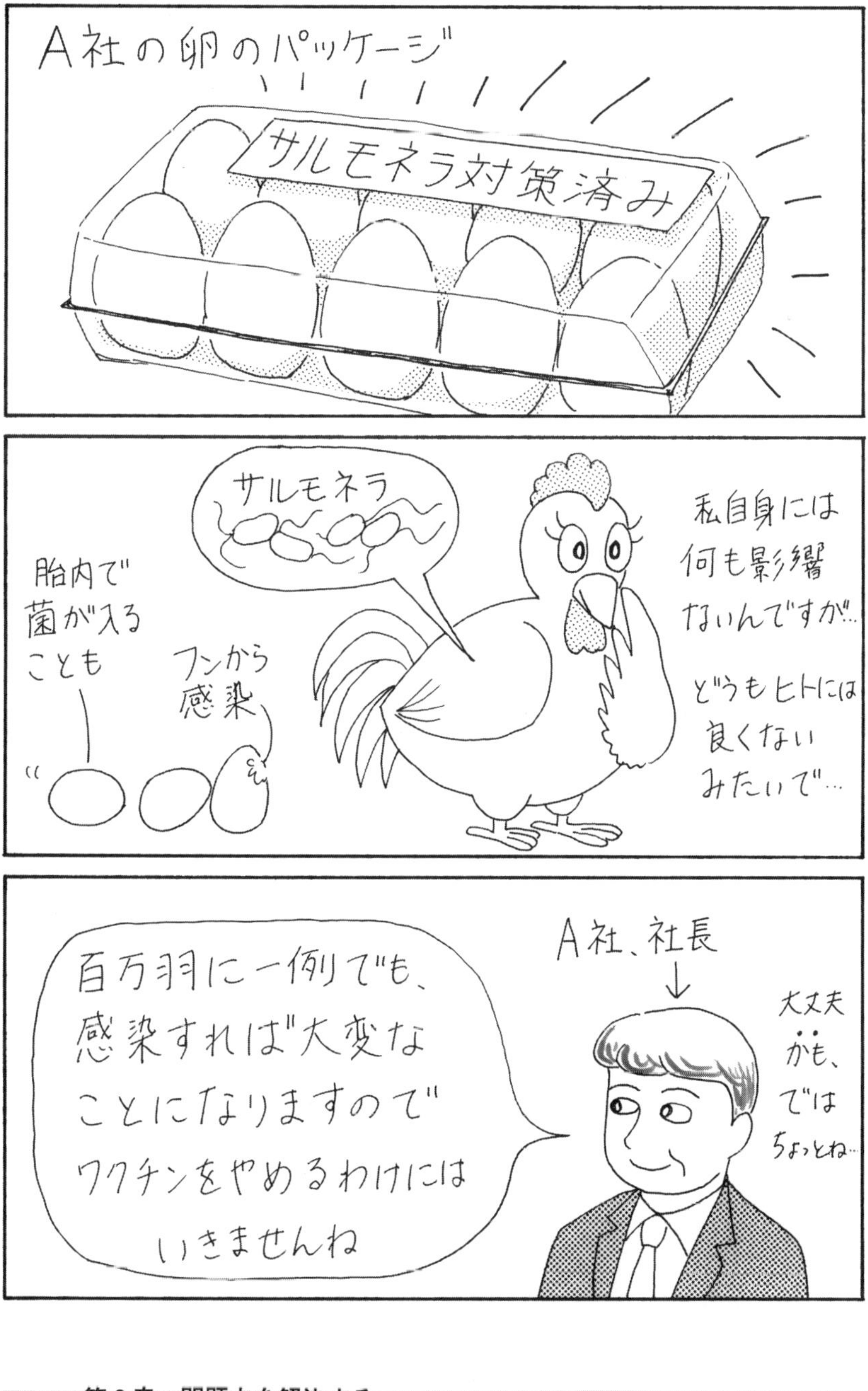
A社の卵のパッケージ
サルモネラ対策済み
サルモネラ
胎内で菌が入ることも
フンから感染
私自身には何も影響ないんですが…
どうもヒトには良くないみたいで…
A社、社長
百万羽に一例でも、感染すれば大変なことになりますのでワクチンをやめるわけにはいきませんね
大丈夫かも、ではちょっとね…

以て戦うべきと以て戦うべからざるとを知るものは勝つ

孫子 **31**

戦うべきでない時をわきまえる

◆スーパーに進出

和菓子の老舗E本舗は、二代目になってから自動化を取り入れて、量産を可能にした。その結果、本店だけでなく、スーパーにも名物焼き饅頭を出せる態勢ができた。

ある日、大手チェーンの支店から、大量の注文がきた。セールの目玉商品として扱いたいので、いつもの3倍の数量ほしいという。しかし生産能力は一杯だ。せっかく進出したスーパーの売り場は守りたい。ここを断ると、ほかの支店との取引も困難になる可能性がある。若社長は悩んだ。

バイヤーは三日に分けて製造して、日付シールだけ同じ日にしておけばよいではないかという。セールの目玉商品になる生卵なども、そのようにしてそろえるのだという。確かに、にわとりがセールに合わせてL玉だけ大量に生むとは思えないので、それは一般的に行われているのだろう。

焼き饅頭の賞味期限は四日だが、少々過ぎても心配のない材料を使ってはいる。実際、社長も自宅でも十日くらいたったものを焼き直して食べたりしている。事故にはつながらないと思われた。

◆ここは戦う（販売する）べきでない

しかし社長は結局断った。いくら販売量が延ばせても、ウソをそそのかす相手とは付き合いたくないと腹をくくったからである。ここで無理して売ることはない。売りどころは他にもある。

しかし、逆にセールには出ない商品ということで、焼き饅頭の人気は上がり、昼前には売り切れる、一種のハングリー商品となった。スーパーとの取引も、そのまま継続されている。ここはバイヤーとケンカ別れになっても、商品の質を守るべきだと考えた社長の決断が、よい結果を生んだ。

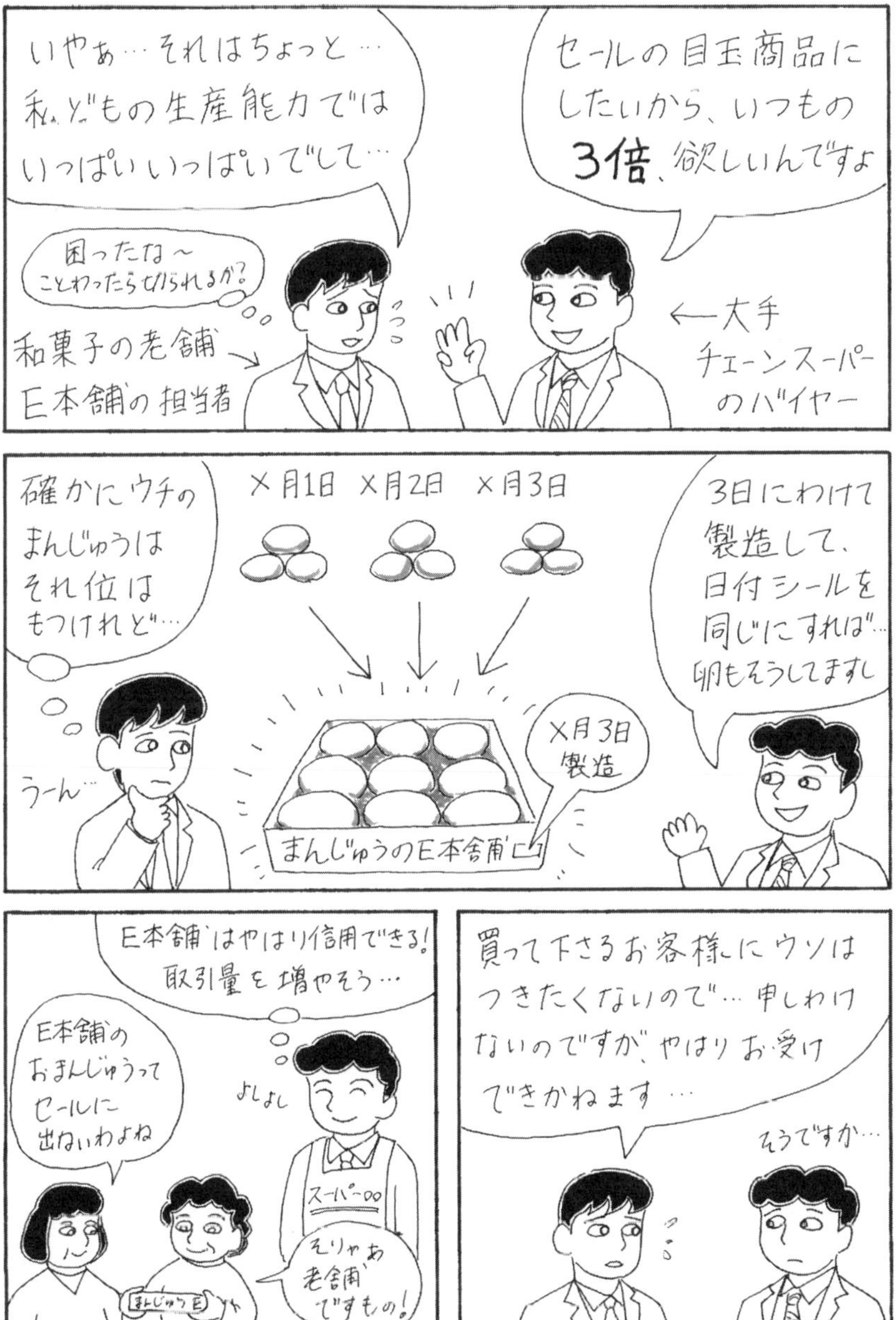
セールの目玉商品にしたいから、いつもの3倍、欲しいんですよ
いやぁ…それはちょっと…私どもの生産能力ではいっぱいいっぱいでして…
困ったな～ことわったら切られるか?
和菓子の老舗 E本舗の担当者
←大手チェーンスーパーのバイヤー
3日にわけて製造して、日付シールを同じにすれば…明もそうしてますし
×月1日
×月2日
×月3日
×月3日製造
まんじゅうのE本舗
確かにウチのまんじゅうはそれ位はもつけれど…
うーん…
買って下さるお客様にウソはつきたくないので…申しわけないのですが、やはりお受けできかねます…
そうですか…
E本舗はやはり信用できる! 取引量を増やそう…
よしよし
スーパー○○
E本舗のおまんじゅうってセールに出ないわよね
まんじゅうE
そりゃあ老舗ですもの!

兵は拙速を聞くも未だ巧の久しきをみざるなり

孫子 32 問題への対応は早いほどよい

◆対応の早さがモノをいう

これも孫子の中ではよく知られた言葉だ。ただし「兵士は拙速を尊ぶ」という形で口にする人が多いようである。全文は以下の通り

「兵は拙速を聞くも、未だ巧みの久しきを見ざるなり。それ兵士久しくして而かも国に利ある者はいまだ之れあらざるなり」

戦いに際しては、最良といえない行動でもとにかく速やかに動く方がよい。長くかかったことで、よかったと思えることは少ない。長引いた戦争で国に利益があったという話はきいたことがない、という意味である。孫子は戦いを一種の必要悪ととらえ、なるべく避けるべきだと考えていた。やむなく戦う者は、戦争の害をよくわきまえ、短期間の終結を目指すべきだと、繰り返し説いている。

◆クレーム処理は敏速に

アパレルの営業課に、スーツの縫製が悪いというクレームがきた。同じ日に出荷した品について別のクライアントからも似たようなクレームが入っている。工場の仕上げに問題があったらしい。

Ｆ君はとりあえずブティックＪに駆けつけた。一方Ｅ君は、まず工場に電話して同じ商品の検品済みのものを用意させ、翌日届くように手配してから、菓子折りをもってモードハウスＨに出向いた。

問題の具体的な解決策はＥ君の方が早かった。しかし顧客が納得したのは、Ｆ君のほうである。ブティックＪのオーナーは「すぐ来てくれる姿勢がいいのよ」という。

モードハウスＨの店長も、「替わりの商品の手配までしてたっていうけど、それよりうちへの〝反応〟を早くしてほしいのよね。会社に伝言残したって、こちらは不安なんだから」

さて… あなたならどちらの人を信頼しますか？
どそっ
クレーム
うっ
まずは ひとこと、入れておこう…
大変申しわけありませんでした
すぐに手配をさせて
いただきますので…ハイ.
段どりとしましては〜
まずは解決しなくてはね….
問題の山
それっ、解決に行くぞ.!!
問題の山
先日は大変ご迷惑を
おかけしまして、申しわけ
ありませんでした
これは
おわびの
しるしです…

――千里行けども労せざるは、人無き地を行けばなり

孫子 33

人の気づかぬところにチャンスがある

◆見えていながら見えない部分

　ビジネスチャンスはどこにでもあるといわれるが、特に「すきま産業」とか「ニッチ」と呼ばれる分野がある。今まで気づかれずにいた分野の商品やサービスのことである。いままで人が気づかれていない分野なので、まず競争相手がいない。まさに「進みて防ぐべからざるは、その虚をつけばなり」という状態なのである。競争相手が出てくるということは、それがヒットしたという証拠である。その頃には、一番乗りのメリットを十分に得ているはずだ。

　たとえばはじめから薄めた缶入りのカルピス、皮をむいた甘栗などだ。日常目にしているのに、それが商品になるとは気づかない、または商品になるとは信じられなかったものが、市場に出してみると意外に反響を呼び、ヒット商品となる。こうした例は昨今特に多くなっている。

◆最初のドジョウのプライド

　引っ越しのZ社は、単なる運搬でなく、引っ越しの手伝いをするという考え方をして、新しい「引っ越し市場」を開拓した。

　女性が社長をつとめるこの会社は、つぎつぎに利用者への配慮あるサービスを打ち出してくる。たとえば、電話をして見積もりに来てもらうと、打ち合わせの済んだ営業マンは帰り際に封筒をおいて行く。中は十円だ。Z社への電話代をお返しします、ありがとうございました、ということなのである。

　また荷物を運ぶ作業員は新しい軍手をしている。家具を汚さない配慮だ。さらに新居に上がるために、履き替えの靴下も持参している。まさに利用者の心理と不安を理解して、行き届いたサービスと言える。Z社をまねて引っ越しを扱う業者は増えているが、ここまでのきめ細かな配慮は少ない。

気づかれなかったものが商品化され、ヒットした例:
薄めなくてもいい
カルピス
すでにカラを
むいてある甘栗
CALPIS
WATER
手が
汚れません
甘栗
カンタン
便利
手間
いらず!
○○○○の

引っ越しのA社の場合…
よいしょっ
よっ
ひっこし
の
A 社
気がつく人は
気がつく
あら?
さすがA社!
くつ下はきかえて
新居に入るのネ
気配りいいじゃない…

明主は之を慮り（おもんぱかり）良将は之を修むと

孫子 34 チームワークは両刃の剣

◆後のことも考える

孫子は火攻めを得意にしていたといわれる。ただし、火攻めは効果的だが、国を疲弊させるとも書いている。いくら勝利を得ても、荒れ果てた国土だけが残ったのでは仕方がない。

賢い君主はそれを承知しているので、むやみに戦をしないし、戦後の処理にも配慮するというのが、見出しに引用した部分の意味である。

銃や火薬のない時代、火や水は大きな破壊力のある兵器だった。しかし火は即効性があるが、被害も大きい。その損傷は水の被害の比ではない。火も水も、その効果の程をよく知って使いこなさねば、国土をだいなしにする危険な武器であった。武器や道具は、すべて使いようである。

◆日本企業の武器を考える

武器と言えば、チームワークは日本企業の強みを生かすたいへん有効な武器である。ただし、これも時に両刃の剣となる。

全員の力を合わせると、足し算でなく掛け算の力となるのがチームワークの強みだ。しかし、その一人ひとりの個性を活かしながら、リーダーを正しく選定しないと、時に、全員が無責任という事態になる。よきチームメンバー（歯車）となる教育だけを受けて来た人材は、企業の中で年功序列だけでリーダーになっても、リーダーに不可欠の、「自分で決める力」を持たない場合がある。

リーダーになったのをきっかけに、経験を通じて、その力を得る者もあるが、生来人の上に立てないというタイプもある。これは能力の有無ではなく適性の問題であるから、仕方がない。管理職は部下の中に適性があるかどうかを見抜く必要がある。適性がないのにリーダーにされた人材は、グループのお荷物になりかねないからである。

戦では火攻めは効果的だが…国を疲へいさせる
これは…丸焼けですなあ 街の再建が 大変ですぞ
ちとやりすぎた…
余計な出費が増えるね
賢い君主は むやみに戦はしない、戦後の処理でも 配慮するものじゃ。

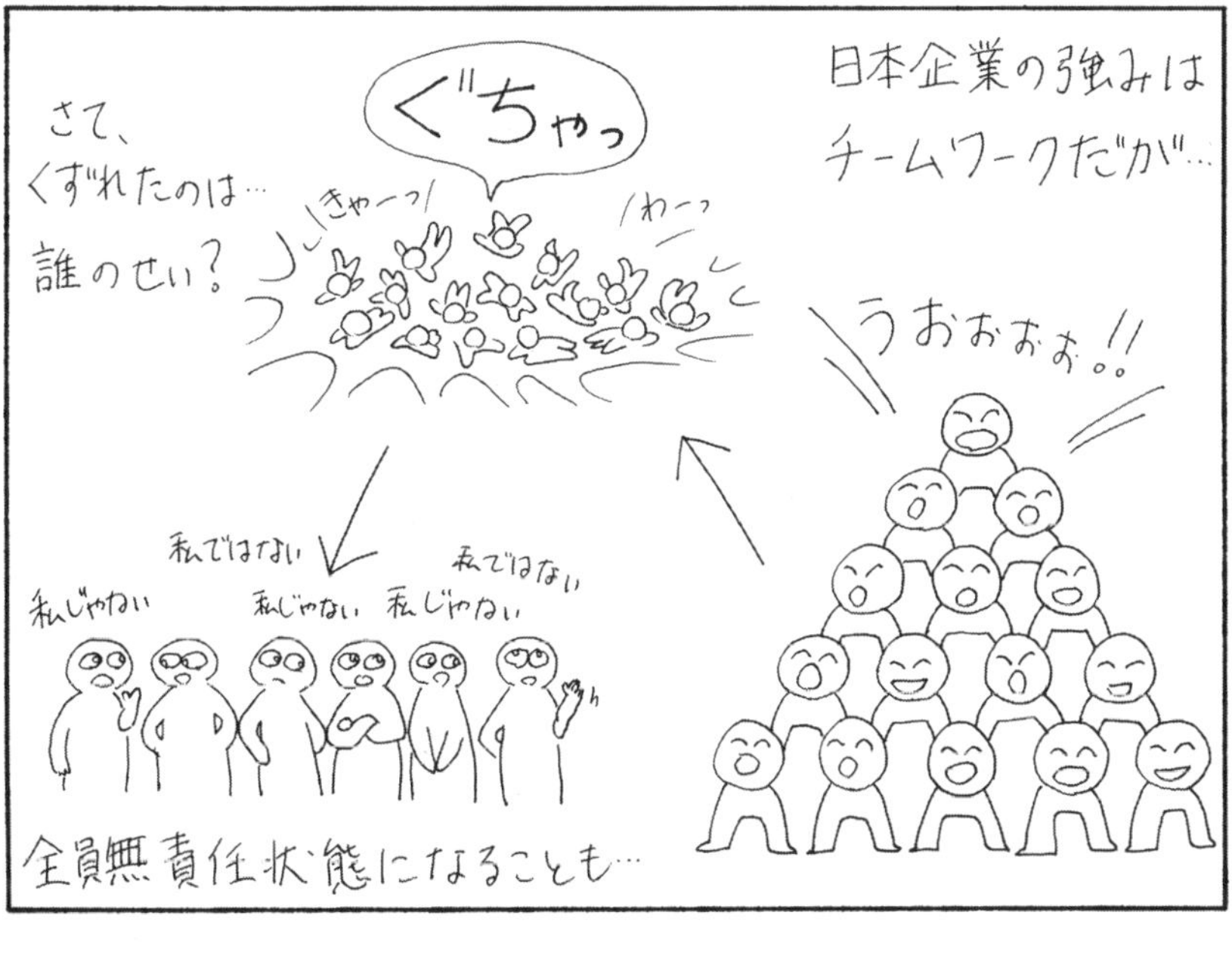
日本企業の強みは チームワークだが…
うおおおぉ!!
ぐちゃっ
きゃーっ
わーっ
さて、くずれたのは… 誰のせい?
私じゃない
私ではない
私じゃない
私じゃない
私ではない
全員無責任状態になることも…

衆を治むること寡を治むるがごときは、分数是なり

孫子 35

課長の机の上はいつもカラ

◆書類は滞留させない

一部上場の企業の関連会社で「切れ者」と言われているK課長に話を聞いた事がある。彼が席を離れる時、机の上にはいつも何も乗っていない。なぜそんなにスッキリできるのだろう。

「だって、僕の机にあるってことは、その仕事は進んでないってことなんですよ。机の上から書類をなくすのが自分の仕事だと思っています。上から来た書類は少しでも早く、誰かに任せて現場に降ろさなければ先に進みません。

逆に、下からきた書類は少しでも早く上に報告しなければなりませんしね。私は仕事を止めないようにしているだけです。だから私は机の上をいつもカラにしておくように、少しでも早く、しかるべき部署にまわすように努力しているんですよ。それが中間管理職という立場にある者の仕事でしょう」

実に明快であった。

◆任せられるか

広いとは言えない日本のオフィスは、ＯＡ化が進んだのに一向に書類が減らない。書類がA版になった分だけ嵩が増えたという冗談のような話も耳に入る。そんな中では、うらやましい限りのK課長の話である。ポイントは一つ。任せるべき部署に回すという点だ。その際、念のためコピーを取ったりすると、書類はなくならない。

彼の場合、手から離す時は完全に任せるということなのだ。孫子の言葉は、大人数の団体を小人数のグループのように動かすには、小集団に分けそれぞれのチーフに仕事を任せることだと理解できる。

責任を自分で負いながらも、部下に仕事を任せるという思い切りができるか。それだけの付き合いが平素からできているか。要点はここであろう。

——— 衆を治むること寡を治むるがごときは、分数是なり

――兵に形するの極みは、無形に至る

孫子 36

「もっとも良い形」も、時代によりかわる

◆固定して考えてはいけない

孫子は言う。人は自分（孫子）の軍が勝ったということは知っても、どのようにして勝てたのかは知るよしもない。敵の出方に合わせて、その時に応じた方法を取ったからこそ、少数の兵士で大軍に勝つことができたのであって、決まった形式というものはないからだ。最良の態勢は「形が分からないこと」「形がないこと」である、と。

この部分、孫子の中でもかなり自信に満ちているように思われる。原則はあってもそれが万能ではない。臨機応変の適用があってこその兵法だということを、言いたいのだろう。たしかに一つの成功から学べるものは多い。しかし、それを踏襲したからといって次も成功するとは限らないのである。そのことを極めていくと「最良の形」は「無形」という、この一節になるのであろう。

◆ベストとは「その時の最良」にすぎない

A氏は商店の一店員から、企業主になった。苦労して育ててきた企業を、考えられる限り最良の形にして息子に譲り渡したいと考え、約十年かけて会社の組織を整え、息子に社長を譲った。ところが新社長は組織を改編するという。いかにも役職についたばかりの若者らしい勇み足と、A氏は強く反対した。

しかし経営コンサルタントに言われた。技術が進み社会が変われば、必要なくなる部署もあるし、増員の必要な部署もある。かつて大企業には必ず交換台があって、何人もの女性が内線の取り次ぎをしていたが、今はない。ここ十年の変化は特に大きい。企業といえども生き物である。今までうまくいっていた形にこだわってはいけない。

A氏は反対をとり下げた。「今の最良」を考えるのは息子の仕事だ。それを見守ろうと考え直したのである。

——— 兵に形するの極みは、無形に至る

厚うしてよく使わず

孫子 37

形だけ整えても意味がない

◆見せかけだけならドラマのセットと同じ

提案制度、お客様の声、など「耳を傾けます」という姿勢をみせる企業や団体は多い。以前はお役所や工場でよくみかけたが、最近は病院にも「ご意見箱」が置かれているのをしばしば見かける。大勢の人に積極的に書いてもらえるよう、専用の机まで用意された所もある。

しかしこの種の提案や意見を聞く制度は、それが業務に具体的に活かされなければ無意味だ。いくら提案してもナシのつぶてでは、提案した人間は熱意と同じだけの不信感を持つことになる。意見を申し入れるというのが、プラス3の意欲だとすると、反応がない場合はそのまま0を挟んで反対側に針が触れる、つまりマイナス3の不信感。意欲減退になるわけだ。これは従業員であれ、消費者であれ、このマイナスは大きい。

◆返事を公開

ある病院では、問い合わせや意見のいくつかを公開し、その回答や改善の経過報告と一緒に、提案箱のわきに大きく掲示している。

たとえば「仕事の後で母を見舞うのだが、売店が閉まるのが早く、いつも買い物ができない」という問い合わせに対しては、「業者に申し入れ、販売員の勤務シフトを変更して、来月から営業を一時間延長することになりました。また週末も半日ですが営業いたします。なお昨年から自動販売機コーナーも、飲み物だけでなく軽食の種類を増やしておりますので、ご利用ください」という回答がでていた。

企業の提案制度も、提案の件数を表彰するだけでなく、社内報などでその経過がきちんとフォローをされているのを見ると、部外者にも、その企業が真剣に取り組んでいることが分かる。

――― 厚うしてよく使わず

ちゃんと見てますよー
おっ、やりとりに
なっていて楽しいや!
意見
返事
企業
や
団体
ご意見
提案
BOX
社員・お客様
めんどうだなぁ〜〜
何も反応がないなんて
つまらない!
やめた
やめた
ご意見
提案
BOX
意見
提案
質問
感想

――日に千金を費やし、然る後十万の師挙がる

孫子 ***38***

会議にもコスト意識を

◆戦略には経済の裏付けが必要

孫子の時代も今と同様、戦争は金のかかるものであった。快速車両千台、輸送車両千台、兵士の派遣費用、武器や馬具の費用、外交予算、兵や馬の糧食、そうしたものを総合すると、十万の兵士を動かすのには、一日千金を必要になる。

孫子の説明は実に詳しい。戦略家は経済にも通じていなければ戦うことはできないからである。だからこそ、戦いを長引かせてはいけないと孫子は何度も繰り返す。膨大な費用をかけ、国土を荒らすのが戦いというものだ。だから「戦は、しないで勝つのが最上」ということなのである。

◆会議にもコスト意識を

孫子の考えをビジネスに応用してみよう。会議をコストに換算してみるのである。

出席者の年収から人の費用が算出できる。ごく大ざっぱに考えて見よう。計算が楽なように一人の月額を四八万円とする。実働二〇日として一日二万四〇〇〇円だ。八時間で割ると三〇〇〇円。これに会議室の単位面積のコスト、光熱費、資料の製作など細かく考えていくとキリがないので、とりあえず人の費用だけを考えてみることにしよう。

一時間の会議コストは一人につき三〇〇〇円×人数である。二〇人の会議を二時間やれば、一二万円である。年収の高い重役の会議なら、もっと高くなる。議論もせず、ただ座っているだけなら、会議のたびに一二万円ドブに捨てているようなものである。

意味なく集まるだけの定例会議や、書類の伝達でも済むような会議をしていないか。メールや電話で事前に調整しておけば、半分の時間で済むような会議をしていないか。「日に何金を費やして」会議をしているのか、ちと電卓をたたいてみるのも面白い。

——— 日に千金を費やし、然る後十万の師挙がる

迂(う)をもって直と為し、憂いをもって利と為す

孫子 **39**

プラス思考を活かすのは、万全の備え

◆もう半分、まだ半分

コップ半分の水があったら「もう半分しかない」ではなく「まだ半分ある」と考えよ。これはよく言われることであるが「ものごとのよい側面からみよ」という、プラス思考を解説するエピソードとしてしばしば持ち出される。

たしかに物ごとは悲観的に見るよりも、明るく対処したい。また、そのような姿勢の人のところにこそ人望は集まるものである。リーダーの資質として、華やかである必要はないが、明るさは必要だろう。

ただし裏付けあってのことである。慎重さを欠いた場当たりの明るさばかりでは、やがて人は離れていく。従って、リーダーは慎重さもまた必要である。本人がそうしたことを苦手とするなら、さまざまなことを慎重に検討し、可能性を図り、判断することのできるブレインを得ればよい。

◆リスクを知ったうえで

あらゆる活動にはリスクが付き物だ。それを読み込んだうえで、どこまで積極的な活動できるかが問われる。リスクマネジメントをしっかりして、最悪のシナリオにも対応できるよう、常に準備は必要だ。その上の実行段階で、上に立つ者の明るさ、プラス思考が生きてくるのである。

原典「迂をもって直となし、憂いをもって利となす」とは、回り道をしてもうまく策を考えれば、それを不利としない方法がある。不利な局面も、よい策を考え得る者なら有利な事態に転換すらできる、というものである。これは単なる「受け止め方」の違いではなく「プラスに変換していく能動性」の問題といえる。つまるところリーダーに求められる明るさとは、暗い要因をも明るさの材料にしていくだけの、エネルギーということができる。

半分しかない
まだ半分ある＝プラス思考
しかし、プラス思考＝楽観、とは違う!!!
必ず勝てる目算をたててから戦わないとな!
「敵は来ないだろう」という希望だけじゃ勝てぬぞ…
ビジネスの場合、企業活動にはリスクがつきもの――
MILK
MILK
そうそう簡単に食中毒なんて、出るものじゃないさ
楽観
ええ、今までのやり方で何も出ていませんし、大丈夫ですョ!
これも楽観
最悪のシナリオにも対応できるよう、準備は必要ですね
そして、実行の段階でプラス思考でしょう…
そこのアナタ、他人事じゃないですョ
ところが…
しんぶん
○×牛乳 大量食中毒
ずさんな管理体制

――その来たらざるをたのむなく

孫子40 備えは万全に

◆大型倉庫のプラン挫折

機械メーカーU社で、業務拡大に備えて倉庫を増築したのは一五年前である。当時、会長（当時の社長・現社長の親）と建築家は二階建ての倉庫のプランを立てていたが、予算の関係から取締役会の賛同が得られず、倉庫は平屋になった。

十年後、再度倉庫の増築が必要になった。拡張しようにも土地はない。あの時無理して二階建てにしておけばよかったと現社長は今さらのように思った。重い機械を収納する倉庫の増築は、強度上困難が多い。しかし二階にオフィスを増築し、今のオフィス棟を取り壊した後に倉庫を建てる方法もある。それにしても倉庫の上にそのまま二階を乗せるわけにはいかない。補強が可能か調査が行われた。

◆先見の明

なんと、倉庫は二階を乗せても十分耐える強度になっていた。しかも、柱や梁の構造も、後から二階を追加造作できるような工夫が施されていたのである。会長の見識だった。

それにしても、機械の大型化は予想を上回っていたので、倉庫はやはり地上に造ることになり、二階が新しいオフィスとなった。構造がしっかりしているので、こちらの工事は簡単だった。

孫子は言う。「作戦を立てるときは、万全を期するべきだ。敵がどのようにくるかを検討するべきであって〝来ないだろう〟という、根拠の無い見通しに頼ってはいけない」

無理にでも安心したいという心理がある。特に、心配な部分があるが手が回らないというような時、「大丈夫だといいが」の不安は「きっと大丈夫」という根拠のない期待につながりがちだ。U社は会長の先見の明に助けられたが、甘い見通しは大きなリスクにつながる。くれぐれも自戒したいものだ。

―――― その来たらざるをたのむなく

それ地形は兵の助なり

孫子41 レイアウトで仕事はしやすくなる

◆戦場のような混乱

レストランWでは、ランチタイムの売上げアップを図って弁当の販売を始めた。近くに新しいオフィスビルができたのだが、ランチタイムの客数が増えても、飲食店の数はさほど多くない。そのため昼休みにはコンビニの弁当も早々に売り切れてしまい、「ランチタイム難民」が出るような状態になっていたためである。

しかし店内のランチと時間が重なるため、もともと広くもない厨房は戦場のような混乱になってしまう。お互いをよけながらの仕事だが、なにしろ熱いフライパンやナベが行き来するので危険極まりない。そんな中での作業だから、ミスも多発した。おシンコのない幕の内くらいはご愛嬌だったが、チキンの入らないカラ揚げ弁当には、さすがにクレームがついた。

◆配置が

オーナーのW氏は、店内の改装に合わせて厨房にも思い切って手をつけることにした。水まわりまで動かす大工事になるので、ためらっていたのだ。しかし、せっかく増えている客を逃がすのは残念である。新しい常連も付きかけていた。

効果は予想以上だった。弁当と店内ランチのスタッフの動線が交わらないので厨房の混乱がなくなり、従業員に笑顔が出るようになったのである。店内で食べる客も、回転がよくなり、売上は増えた。厨房に「地の利」を作り出した効果である。

孫子も「地形は重要だ」といっている。地の利とは店や会社の位置だけでなく、内部の配置についてもいえることである。

ある事務所では、女子トイレの入り口を事務所から見えにくくするだけで、事務職員の定着率があがったそうである。

——— それ地形は兵の助なり

—弁当の仕出しを始めたレストランにて—
おーい！オーダー今どうなってる？
あれっ？数が合わない
Aランチのサラダどうした！
つけ合わせまだー？
B弁当まだですかー？
あぶないじゃないか！気をつけろ
そっちこそ！
前
コンロ　コンロ
作業台
流し
後
コンロ
作業台
流し
コンロ
作業台
流し
水まわりまで動かさないといけないけれど背に腹はかえられまい…
トラブル続出だな…これはいよいよ配置を変えた方がいいか…
店長
またカラ揚げの入っていない弁当があって、お客さんカンカンです！
何とかして下さいよー店長…
〈弁当作成テーブル〉
スッキリ♡
混乱しなくてこりゃいいや！
〈ランチ作成テーブル〉
お互いどならずにすむし、気分も楽だよ
分けて正解！

兵に常勢なく、水に常形なし

孫子 **42**

こだわり過ぎず、柔軟な受け止め方を

◆畑違いの部署にとばされて

入社以来、工務管理畑をずっと歩いてきたSさんは、工場では生き字引とまでいわれている。この分野ではだれにも負けないという自負があった。

ところがある日突然、営業に配置転換されたのである。驚きもしたし、自分の能力を否定されたようでくやしかった。スーツを気慣れた営業マンの中で、今まで作業服を着ていた自分は、いかにも要領が悪そうに思える。自分には営業は向かない、いつ戻してもらえるか、毎日そればかり考えていた。

家に戻れば「おとうさんリストラされちゃうの？」と、意味も分からず幼い子供が聞くのにも、胸がいたむのだ。

◆何が求められていたか

ある日上司から呼ばれた。「君に来てもらった理由が分かるかね」「私は何か失敗したんでしょうか」「そんな風に考えていたのか、それは済まなかった」。営業からの無理な要求にそれまでも工場は困っていた。製造工程がまるで分かっていないので、つい客の言うなりに無理を押し付けるのだ。

「Sくんは工務をよく知っているから。少し営業の連中を指導してやって欲しかったんだよ」確かにSさんなら、どこが譲れないか、どんな部分なら工場に無理を言えるかが分かる。実際、助言したこともあったし、工程を説明して無理のないように毎月の発注日を少し早めてもらったクライアントもある。「お客も満足、こちらも無理せずサービスできる、それが良い営業じゃないか？」と上司はいう。

そうか自分にもそんな営業ならできる「自分は工務で営業じゃない」とこだわるSさんは自分の気持ちを縛っていたのだ。時には水のように、あるがままを受け入れることも必要なのだと思った。

―――― 兵に常勢なく、水に常形なし

——国を全くするを上と為し、国を破るはこれに次ぐ

孫子 43

わき目を振らないことも一つの行き方

◆戦争は国を荒らさずに

いくら戦に勝っても、国が疲弊しては何もならないと孫子はいう。戦争のため荒れ地となってしまった原野が、緑に戻るには大変な時間が掛かるのである。従って同じ戦うなら、国土を荒らさない戦いの方が上等だと孫子は説く。

アフリカ各地やアフガニスタンの例に見るまでもなく、戦争は国土を荒らし、そこで生活する「国民」を「難民」に変えてしまう。難民となった人々は生産手段をもたず、援助を待つだけの身となる。これでは国土の再建さえ困難だ。

ビジネスも同じことがいえそうだ。会社の本体を危うくするほど大きなリスクをかけて、業務の発展を図るのは危険である。

◆分野を守りながら国際企業へ

N社は国内で圧倒的なシェアを誇る香料のメーカーである。親会社からのれん分けした後、めざましい勢いで伸び、今やシェアナンバーワンとなっている。古典的な線香だけでなく、現代的な製品、特に室内で使う香料にはユニークな商品が多い。

創設者は、香りひとすじにビジネスを進めて来た。問屋を通した従来の販路のほか、大都市に直販店を展開し、インテリアとしてまた環境の一部としての香り、ファッション・アイテムとしての香りのあり方を消費者に提案している。

社長は二代目に譲られたが、バブルの頃、いくら社長が企画しても、違う分野への進出を創設者は許さなかったという。「香料の事だけを考えていればよい」が創設者の口癖であった。その見識に支えられて今日の安定がある。現在は海外にも進出、欧米の香料会社を買い取って傘下におさめ、国際企業へと変貌しつつある。

――― 国を全くするを上と為し、国を破るはこれに次ぐ

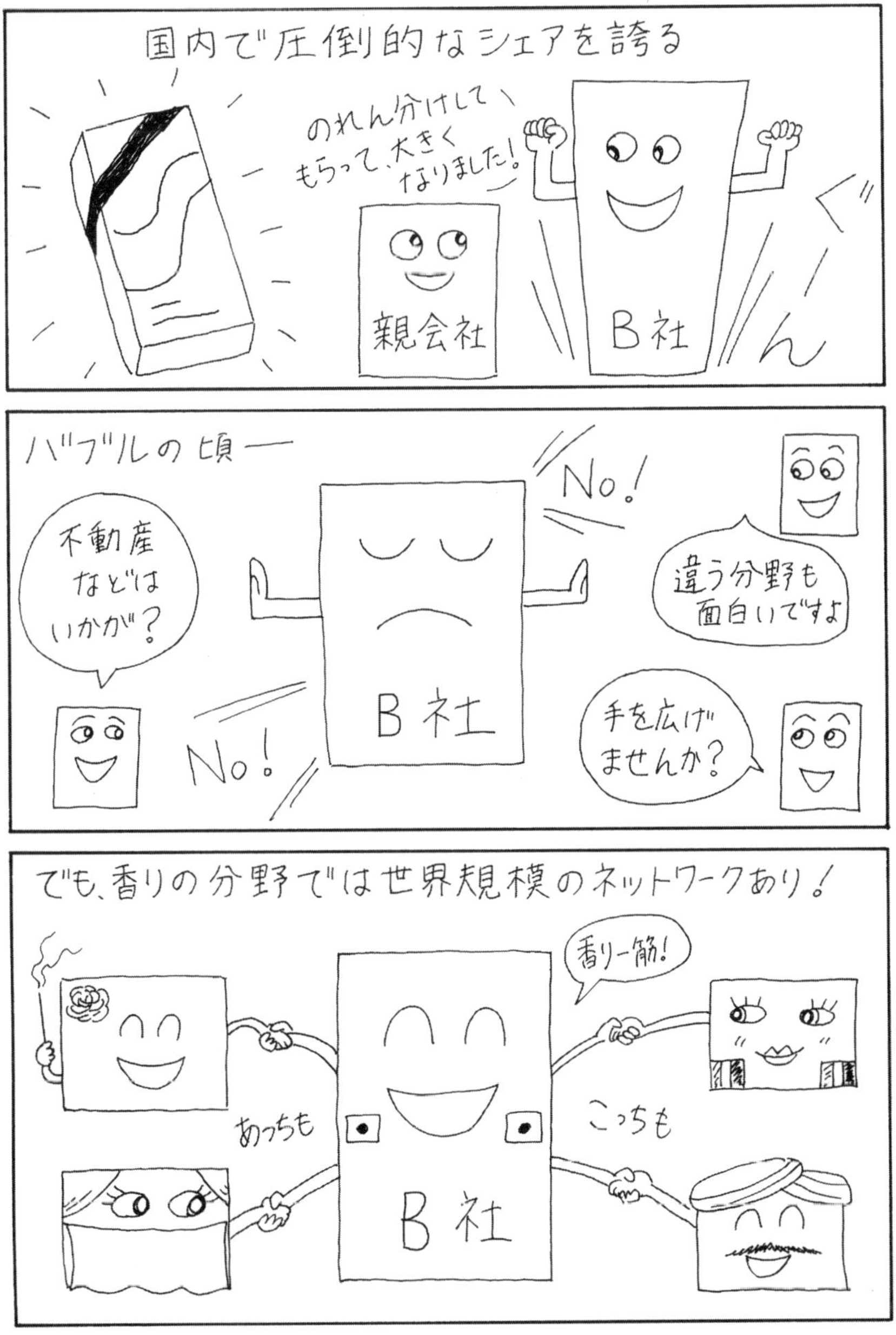
国内で圧倒的なシェアを誇る
のれん分けしてもらって、大きくなりました！
親会社
B社
ぐ
ん
バブルの頃ー
No！
不動産などはいかが？
違う分野も面白いですよ
B社
No！
手を広げませんか？
でも、香りの分野では世界規模のネットワークあり！
香り一筋！
あっちも
B社
こっちも

いわんや算なきにおいておや

孫子 44

本当に勝算があるか

◆品質と価格だけでは売れない

勝算なしに戦う者はいないが、その算が本当に正確かどうかが、厳密に問われなければならない。まして「予測」だけでは勝ち目はない。勝てない戦はするなと孫子は繰り返し言う。戦は国の大事なのだから、合理的な判断が大切だと。

Ｔ油脂は一般にはあまり知られていないが、大手メーカーにＯＥＭとして多くの製品を納め、業界では評価が高い。よい製品を適性価格でという、メーカーの王道を歩んで、会社は順調だった。あるとき消費者向けの商品（美容液）への進出をはかった。Ｔ社の技術力なら、現在市場に出ているどんな製品にも負けない良質のものを作れる自信があった。価格も市場に受け入れられる範囲に押さえる事が可能だ。

◆消費者市場は違う

しかし実際に製品を出してみると、散々であった。業界内の取引と一般消費者市場はまったく別のものだったのである。満を持しての新製品は、思いの外低迷した。商品そのものについては、女性の素肌に刺激のない原料だけを使い、保存料も極力抑えた。社内の女性の評判はよかったのだ。

商品には、銘柄指定で買うものと、通りすがりにたまたま目についた物を買う場合がある。乾電池などは後者の筆頭だ。しかし、素肌につける美容液となると、女性は保守的で慎重になる。やはりブランドへの安心感をとってしまうのだ。訪問販売なら、売り手への信頼で買うが、店頭で、知らないメーカーの美容液は敬遠されたのである。

新製品は、量販店にまとめて引き取られた。たまたま買った人が、その品質に驚いてＴ油脂に問い合わせてきたが、すでに生産は中止されていた。勝算を「見込み」だけでたててしまった失敗である。

――― いわんや算なきにおいておや

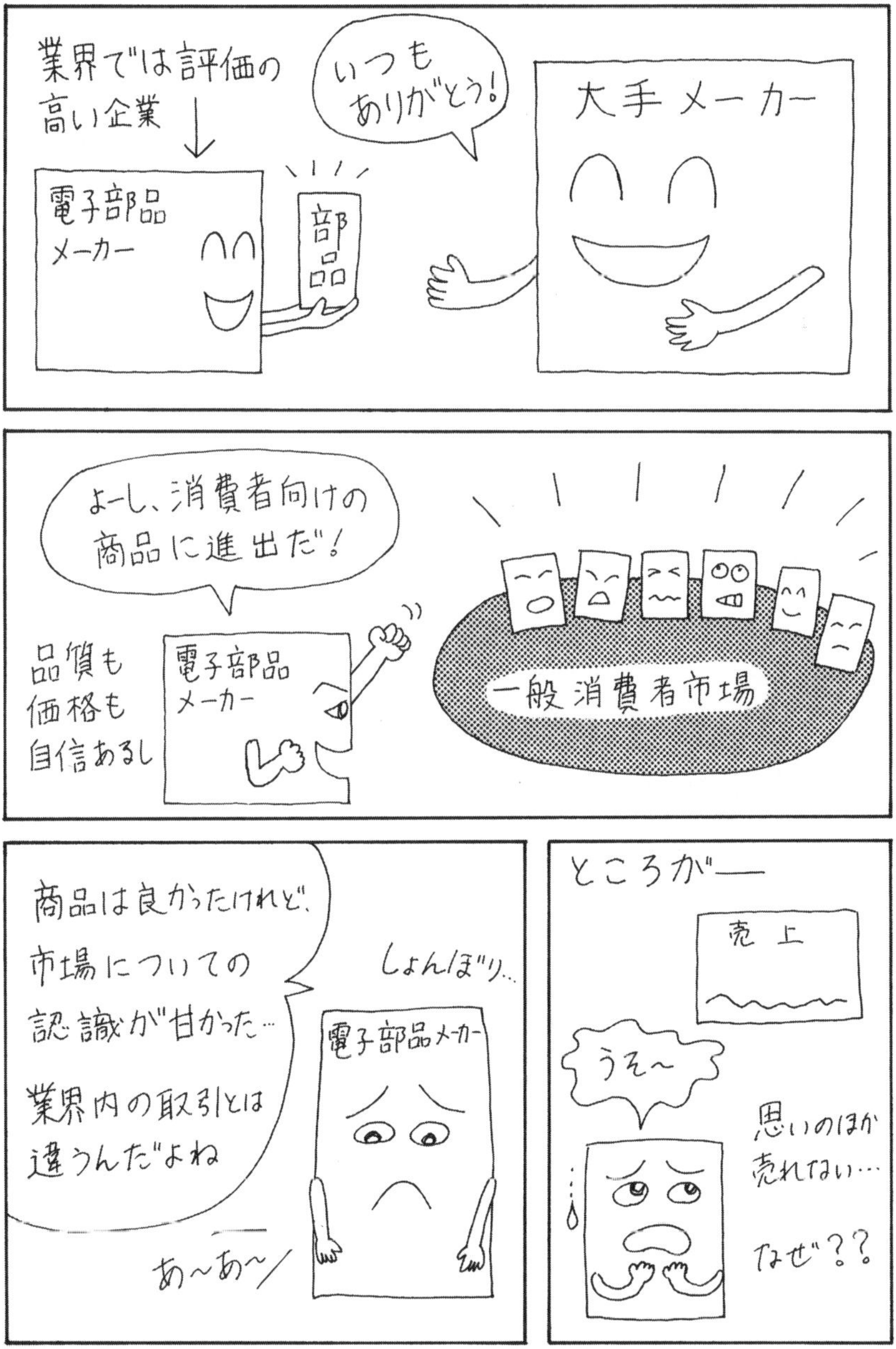
業界では評価の高い企業
電子部品メーカー
部品
いつもありがとう!
大手メーカー
よーし、消費者向けの商品に進出だ!
品質も価格も自信あるし
電子部品メーカー
一般消費者市場

ところが――
売上
うそ〜
思いのほか売れない…
なぜ??

商品は良かったけれど、市場についての認識が甘かった…
業界内の取引とは違うんだよね
しょんぼり…
電子部品メーカー
あ〜あ〜

兵には走る者あり

孫子

45 とりかからなければ、達成できない

◆逃げ腰の姿勢

孫子は、将たるもののわきまえるべきこととして、軍が敗れる六つの場合を上げ、これらの例は天災でなく人災、つまり防げたはずの敗北だといっている。その第一が「走《そう》」、つまりろくに戦わずに逃げる状態である。

現代でいえば、何かを命じられても言を左右してできない理由をあげたり、忙しさを口実に後回しにして、当然と思っているタイプがこの例だ。

「H君、今度G社に出す見積と提案書だけど、君が作ってみてくれるか」

「いやぁ、僕なんかまだ駆け出しですから、提案書なんか書けません。作文苦手なんです」

「しかし、やってみれば勉強になるだろう」

「いやぁとても無理です。課長が下書きしてくれればパパッと清書しますけど、自分で提案なんか、無理ですよぉ。何書いていいかわかんないっす」

◆取り付くシマを与える

謙遜というわけでもない。本人は不可能なことを命じられたと思っているから、逃げ腰になっても罪悪感はないのである。無理にやらせれば「いじめ」ともとりかねない。指導する立場の者にとっては、なかなか困難な時代といわねばなるまい。

なんとか取り組ませても、出来たモノを改善するような指示を与えると「だからできないと言ったじゃないですか」とフテ腐れたりする。失敗を通じて学ぶものだということが解かっていないのである。「できない」に止まるのでなく、「できる部分はないか、何をどうすればできるようになるか」に視点を変えさせる必要がある。千里の道も一歩からというが、その一歩を踏み出さなければ、ゴールまでは永久に行き着けないのである。

何事も、まずはとりかからなければ…
うしろ向き
ヘン
やだね
私には向いていませんので
今忙しいのですみませんが…
オイオイ戦わずして逃げるのか?
あぁーそうか!
ここをこうすれば、できるじゃないか
逃げ腰の部下は視点を変えさせよう

弛（ゆる）む者あり

孫子 46 まとまりを欠く組織では達成できない

◆まとまらない

戦に敗ける軍の例その2である。統率する者が部下の心をしっかり掌握していなければ、その集団はまとまらない。当然、仕事をする上でも緊張を欠き、実力が発揮されないばかりか、能率が悪くなったり、時には重大な事故の原因ともなる。

孫子は、将が弱く兵のほうが強い場合に「弛《ち》」になるという。まとめる力のない、兵士に尊敬されない将の下では、兵士の心に油断が生じ、戦に負けることになるというのである。

部下の心を掌握する方法は一つとは限らない。本人の性格や考え方により、また、兵（部下）のタイプによってもアプローチは違ってくるはずだ。従って、必ずしも「俺について来い」という親分肌である必要はない。

◆意志と熱意で上回れるか

理詰めで、一人ひとりが納得するまでジックリ話を進め、皆の心を一つにしていくタイプのリーダーがいる。いささか頼りないが、それだけに部下の方で「俺たちが支えなくては」という気になって、まとまってしまうというリーダーもある。リーダーの在り方は多様だ。

しかしどんなリーダーにせよ、組織が一つになって「同じゴール」をめざすよう、仕向けることのできない者はリーダー不合格である。

どうすれば組織をまとめ、方向性をつけていけるか。一つはリーダー自身がゴール（仕事・目標）に対する明確なイメージをもつこと。

そして、もう一つは、部下にやらせるという意識の前に、自分が「やりたい」と願う強い熱意だろう。将たるもの、兵士よりも（少なくとも意志のレベルから）上回っているべきである。

まとまりを欠いていては達成できない

オイ、みんな待て！
どこへ行くんだ？
バラ
バラ
やってらんない
ゴールはあっち！
ゴール

組織として「1つのゴール」を目指すように仕向けよう…

陥（おちい）る者あり

孫子 47

力に応じた仕事を与えているか

◆将ばかりが走っても

敗軍の例その3は「陥（かん）」である。孫子は、将ばかりが強く兵卒が弱い場合、将だけが独走しても兵士はついて行けず、結果として戦には敗北することになると解説している。

現代のビジネスにあてはめるなら、ここでは、部下の力に余る課題を与えてしまったリーダーの、見通しの誤りによる失敗と考えたい。

若い人向けのアクセサリーと雑貨の店で主任になったSさんは、初めて与えられた責任に張り切った。もともと絵を描いたり、手仕事が好きで、高校時代も文化祭には看板作りでひっぱりだこになるほどの腕であった。

早速、自分でＰＯＰを工夫し、商品の展示も工夫した。イラストで新しい使い方の提案をするＰＯＰも店内に次々に増えていった。来店する客は「じぶんにもできそうなアイデア」の提案のある売り場が気に入ったらしい。

◆投げ出させないために

しかし同じ売り場の店員はそれについてゆけなかった。Sさんがいないと、ＰＯＰについて聞かれても答えられない。次第にやる気をなくしてしまった。「あたしチーフみたいにセンス良くないしぃ」の一言で、ディスプレイも接客もすっかりSさん任せになってしまったのである。

上に立つ者は、部下の適性や可能性を見極める必要がある。少し上の目標や、新しい課題を与えて向上を図るのはよいが、あまりに高い目標や、適性のない分野の仕事をさせるのは、問題だ。本人にとって挫折感があるだけでなく、組織としてもロスが多くなる。自分ができるから部下もできるはずだと思うのは誤りである。名選手が必ずしもよいコーチや監督にはなれないといわれる所以であろう。

―― 陥る者あり

力に応じた仕事を与えていないと…

うおーっ
ついて行けない部下
じゃ、たのんだよ
つぶされている部下
仕事

上に立つ者は部下の適性を見極める必要がある

孫子 *48*

幹部はリーダーの独走を許してはいけない

◆部下の将をよく知る

敗軍の例の第4番目としてあげられるのは、部下の独走である。部下といっても個人でなく、小さなグループを率いる程度の人間を指す。軍をまとめるには最も必要な人材であるが、この傘下の武将と将の意見が合わず、武将が勝手な行動をとれば、当然軍の統率は崩れ戦に敗れる。また武将のうちに思慮の足りない者がいた場合も、戦は危うい。勝つためには、大軍といえども手の指のように一つの意志で動かねばならないからである。

大きな人数を動かすには、当然だが一人ひとりを管理していては無理である。全体をいくつかのグループに分け、そのグループのリーダーを束ねることによって全体を管理するのがよい。そうすれば何万人いても一人のように動かすことができる。このような方法を孫子は「分数」といっている。

◆三人三様

大きな部署をまとめる管理職は、現場の小単位のグループ（部署）のリーダーの性格をよくわきまえておく必要がある。個々のグループが主体的に動くのはよいが、独走したのでは、組織の統率が崩れ、成果に結びつかないからである。それぞれに適した接し方で統率していく必要がある。

U部長の下の三人の課長は見事にタイプが違うので、同じ指示の仕方ではまとまらない。L課長は、こちらの意図をよく伝えれば何が必要かを自分で考える。あまり具体的な指示は、かえって彼を動きにくくさせるようだ。一方M課長への指示は具体的な方が良い。すると必ずもう一段階上の結果を出してくる。N課長はヒントを与えながら一緒に考えていくと、すばらしいアイデアを出す。三人三様に接することで、全体はまとまっている。

部下を独走させると崩れる

小単位のリーダーの性格に合わせた統率を！

乱るる者あり

孫子 49

けじめの示せない者は、部下をまとめられない

◆自主性と勝手は違う

第5の「乱（らん）」とは混乱。上に立つ者が弱気で、厳格な指導も賞罰もできない場合の例である。これでは組織の統率が取れないため、戦には負けると孫子は言う。

気が弱く賞罰の行使を適正に行うことができなければ、部下の規律は乱れる。また、そのような弱気の将は、当然、的確な指示を出すことができないので、部下は勝手な判断で行動することになり、軍隊は烏合の衆と化す。勝ち戦どころではない。

現代にあてはめても、指示の不明確なリーダーに部下はついていかない。ついていこうにも行き先がみえなければ、やはり勝手な判断でいくしかないからである。「君たちに任せた」といっても、組織である以上、大スジの指示はあるはずだ。そこは明確にすべきである。

◆チャレンジ精神をバックアップするには

実は、部下の自由にやらせるというのが一番大変な方法であることは、少しでも人の上に立ったことのある者なら良く分かる。任せるとは「彼らが何か失敗した場合の責任は自分が取る」という覚悟なしには、できないからである。

任せると言った以上、口をはさむことは控えたい。しかし責任をとる以上みすみす失敗はさせたくない。そんなジレンマに胃も痛むのではあるまいか。

少々の失敗はチャレンジの結果として認める、という程度の度量がないと、部下は育たない。しかし部下に自由にやらせて力を引き出すことと、「放し飼い」とは違う。叱るべきところはきちんと叱り、ほめる場合も適切にほめること。どちらもタイミングが大事だ。また出す指示も明確でないと、組織をまとめることはできない。

―――乱るる者あり

上に立つ者がけじめを示せなければ、部下はまとめられない

ほめる時、叱る時はきちんと。指示も明確に!

北(に)ぐる者あり

孫子 **50**

これでは負けて当然

◆敗北の原因は

敗軍の例その6は、「北（ほく）」。敗北である。将に知恵なく、兵にも力なければ負けて当然だと孫子はいう。知恵のない将軍とは、状況判断が甘く、敵の守りの固い所へ、こちらの弱小部隊を向かわせるような者のことである。

そんな将に指揮をとらせれば勝ち目はない。そのうえ彼の率いる軍の中に卓越した人材が全くいなければ、いいとこなしだ。

ここまで言われると、いかにも負けそうだが、実際の場合、事態はこんなに分かりやすくない。問題の原因は見えにくいところにあるから、避けることが難しいのである。

◆負ける組織の問題点

U商事のK課長は、中間管理職という役目を勘違いしているフシがある。上から降りてくる指示を、彼は何も変えずそのまま下に伝えるのである。完全に「トンネル状態」だ。

「伝言ゲームなら確実に勝てるな」と部下は悪口を言う。伝えるだけなら書類でも済む。わざわざ管理職を置くからには役目があるはずなのだが、K課長は「中間」を「通過」と理解しているようだ。

たとえば小学校の教員なら「風邪の予防」という方針が出たら、生徒には「手洗いとウガイをしましょう」という形で伝える。こうした「次の段階に伝わりやすくする加工」が、中間管理職に求められる役割の一つである。

何をするか、いつまでにするかといったアウトラインの確認と、誰が何をするかという具体化、そして誰が責任者かを明確にすること。これが、上からの指示が現場に伝えられる過程で、課長に期待されるシゴトである。

リーダーに力がなく、部下もいいところがない…
やる気なーい
zzz
ふぁ〜っ
業務なんて、こんなもんさ…
責任者不在状態
かったる〜
これは一負けて当然だが、案外こんな組織は存在している

COLUMN 2

失敗の原因は成功のなかにある

「日本は太平洋戦争を日露戦争で戦った」とよく言われている。つまり太平洋戦争の戦略・戦術が日露戦争当時の発想と変わらなかったのだ。日露戦争の戦勝記念の意味も込められてか、戦略・戦術が固定化されてしまい、当時の軍服・軍靴もそのまま昭和に入ってからの戦争でも用いられた。状況に合わない軍服、軍靴が敗因の一つであると指摘する向きもある。

先に述べた「戦力の逐次投入」は、日露戦争では省みられることなく、その結果、太平洋戦争でも同じ失敗が繰り返された。ガダルカナル島での敗北は、「敵を過小評価した」「戦略的重要性を認識していなかった」などの敗因があるが、ここでも兵力の逐次投入は行なわれている。

「孫子」でも勝利の中に敗因を見出せ、と言われている。「敗北」「失敗」のあとはその原因が追求されて次に活かされるが、「勝利」「成功」を収めたあとは、その美酒に酔いしれて、なかなか省みられるケースは少ない。ここに油断、慢心が生じ、スキができる。

戦争に限らず、スポーツでも事業でも、失敗の要因（＝内なる敵）は「絶頂期」にこそ萌芽が見てとれる。

第3章　相手を説得する

兵を為すのことは、敵の意に順詳《じゅんしょう》するにあり

孫子

51 「そうですね」が相手の心を開く

◆説得は頭ごなしでは逆効果

戦いをうまく進めるには、まず相手に同調することだ。この文章は「始めは処女のごとく…後は脱兎のごとく」という有名な一節の、冒頭である。

敵地に入り込むには相手に合わせて、始めは静かに、そしてタイミングを見計らって一気に進めと孫子は言う。最初から相手を刺激するような動きはするなという意味にも解釈できるだろう。

敵の意に順詳するといっても、相手の言うままになれというのではない。が、どんな場面でも、いきなり否定されれば人間は意地を張り、説得が難しくなる。従って、スムーズに話を進めたいなら、まず相手の言い分を受け入れることである。

◆「ＹＥＳ」「ＢＵＴ」をうまく使え

たとえば新車を勧められて「まだ乗れるからいいよ」と言う客に、『いいえ今が買い替え時です。これ以上乗ったら下取り額が下がりますよ』などと頭ごなしに言えば、相手はムッとする。車に少し心が動いていたとしても、「大きなお世話だ」という気分が先に出て、話はそこまでである。

「まだいいよ」『そうですね、今の車にちょうど慣れてきた頃ですしね』と、一度相手にＹＥＳの答えを返しておくと、「そうなんだ、娘は展示会で見たカーナビのついたのを欲しがってるんだけどね」と、会話が続いていく。気持ちがほぐれた頃に、『まだまだとおっしゃいますが、今でしたらキャンペーンで、いろいろなオプションをサービスできます。現在のお車の状態でしたら下取りも十分に配慮できますから、かえってお得ですよ』と持ちかければ、相手にも、検討する心の余地が生まれるというものである。

意を通すにはまず「ＹＥＳ」で相手に聞く耳をもたせること、それから「ＢＵＴ」を持ち出すことだ。

——— 兵を為すのことは、敵の意に順詳するにあり

諸侯の謀をしらざる者は、予め交わる能わず

孫子 52

説得力とは聞く耳を持つこと

◆説得の技術

原典は孫子の「軍争」、戦術を中心に書かれた章の部分である。ここでは外交について述べている。

外交は兵法とは関係がないようにも思われるが、むだな戦争をしないための重要な戦略と考えることができる。「諸侯の謀をしらざる」とは、周辺諸国の事情を知らない者という意味である。このような将はとても外交にあたらせることはできない。

この一文は諸国に関する情報の有無を問題にしているが、交渉するという点にポイントをおいて考えてみよう。交渉には、説得力が求められるが、流暢に話す必要はない。力のある話し方とは、必ずしも流暢ではないものだ。相手が何を聞きたがっているかを察することができれば、話は半分進んだようものだ。相手の聞きたい話をするのだから、必ず聞いてもらえる。ゆっくり正確に話せばよい。

◆聞かせるよりも聞き役に

こちらが話したいことだけにとらわれていると、話は相手の耳に届かない。落語家も前座のうちは話すのに必死であるが、名人になると、高座に座って、おもむろに客の顔を見てから、その日の客に受けそうなマクラをふる。話し手に無駄な力が入らないから、聞き手もゆったり笑えるのである。

話すことにとらわれず、聞くことに力をいれるのも交渉の場では役に立つ。語りたいことを、聞き手を得て話せるというのは喜びである。邪魔にならない程度のあいずちを打ちながら、じっと相手の話を聞ける人は、よい交渉ができる。

変に意見を差し挟まず、相手の言葉に耳を傾けることだ。話を受け入れてもらえたという安心感を、相手が持った時が、今度は、相手がこちらの話を聞く耳を持ってくれた時である。

――― 諸候の謀をしらざる者は、予め交わる能わず

声は五に過ぎざるも

孫子 53

相手の尺度を知れ

◆基準を知るのは、交渉の基本

相手の考え方の基準を理解すれば、対策がたてられる。これはコミュニケーションの基本である。日本人はしばしば「基準は一つ」と考えがちだ。

ちなみに立ち食いそばのスタンドで、イライラしないで待てるのは30秒程度だという。カップヌードルなら3分待つのに、駅ソバでは30秒だ。手打ち蕎麦ならもっと辛抱強くなるに違いない。同じ人間であってもシチュエーションが変わればこのように基準が変わるのである。まして仕事の場では、それぞれの基準も尺度も違うことを認識しておきたい。

◆建築と印刷の違い

広告代理店の営業をするA君、T社にはいつも泣かされる。パンフレットなどの印刷物を作るとき、いつも仕上がり直前に大幅な変更を入れるのである。ある日、担当者と話していて気がついた。建設会社のT社では、紙に印刷されるものといえば設計図だ。つまり紙の上にあるのは「プラン」なのである。変更は、彼らには当然のことだった。

そこでA君は担当者説明を試みた。パンフレットは紙に印刷された時が完成、つまり建築なら竣工といえる。そこから逆算すれば、校正刷が出た時点は、建ちあがって内装を待つだけのビルと同じ状態だ。大きな変更はもっと前の段階でないと難しい。

それまでT社では、校正刷になってから初めて上司の意向を聞いていた。だから直前の修正が入ったのである。A君はカラーカンプ（イメージ見本）の段階で見てもらうように提案。そのために、たとえば小冊子のような物なら、ちゃんと綴じた形にして見てもらうようにした。

急には変わらなかったものの、次第に、無理な直しは入らなくなったという。

またドタンバで 変更依頼かい? 大変だなぁ…
よぉ
あの会社、いつもそうなんだ デザイナーも印刷屋も 嫌がっちゃって、困るんだよね…
お手上げだよ
ええっ!? また変更ですか?
ある広告代理店
建設会社から見てみれば…
パンフレット
設計図
…という認識なんじゃないか? 設計図ならカンタンに変更ができるから、印刷物も同じ…と思われているんじゃないの?
それだ!
ところで、その会社 建設会社だっけ?
ああ、そうだけど… それが何か?
??
今後は気をつけますので どうかよろしくお願いします
ほっ
よかった〜
〈印刷物〉
校正が出た時点
〈建物〉
あとは内装のみ…
建設会社の担当者
えっ! そういう具合になっているんですか
いやー 知りませんでした
これは説明して理解してもらわねば

此れ兵家の勝にして、先に伝うべからず

孫子 54

まずは基本を教える

◆最初はスタンダードから

「兵は詭道なり」から始まる一節で、孫子はさまざまな駆け引きについて述べた後、あっさりと「此れ兵家の勝にして、先にいうべからず（ただしこうした勝ち方は、あくまでも応用編なので、初心者に最初から教えてはいけない）」と書いている。

物事は何ごとも最初は基本を教えるべきである。この原則は、孫子の時代からジャンルを問わず不変のものらしい。確かに、アルファベットを習わずにいきなり英単語を教えられたら、すべての「形」を覚えなければならない。アルファベットを覚えているから「スペル」として記憶できるのである。

パソコンにもウラ技があって、繁雑な手続きをカットすることができる。しかし、いきなりこれを習ってしまうと、別のパソコンが使えないということが、起こりそうである。

◆子供に教える時も、原則から入る

子供を使って「あることをしてはいけない」いう約束を守れるかどうかを調べた心理実験がある。一つのグループは、とにかく◇◇をするな、と頭ごなしに言って、約束を守るよう命じた。

もう一つのグループには、なぜしてはいけないかを説明した後、◇◇はしないと約束させた。

さて、この子供達を放置して隠しカメラで追って見たところ、頭ごなしに言われたグループは、約束を破る率が高かった。理由を説明して、つまり基本を理解させて、約束したグループの子供は、約束を守れる率が高かったという。

基本を理解すれば、他の場合にも応用をきかせることができる。叱る場合も、基本を押さえた叱り方をすべきである。ちなみに、大人も子供も、きつい言葉によるより、淡々と語るほうが、約束が聞き入れられ、記憶に止められる率は高かったという。

――― 此れ兵家の勝にして、先に伝うべからず

孫子 55 説明は簡潔な方が理解されやすい

◆情報は程よい詳しさで

不要な情報で相手を混乱させてはいけないというのが、孫子の考え方である。

保険の営業のＨ君は、早く一人前のライフ・プランナーになろうと勉強に熱心だ。他社の保険商品についても実によく勉強している。しかし彼の成績は、彼の熱心さの割には伸びていなかった。

支社長にはその理由が分かっていた。彼は客先でも、知っていることを洗い浚い話すため相手が当惑するのだ。解説が丁寧すぎて、素人には訳がわからなくなってしまうのである。それで、せっかくの訪問が契約につながらない。

確かにどんな保険商品にも一長一短はある。しかしデメリットまで事こまかに説明されると、誠実という印象よりも、何だか悪い商品でも掴まされるような気がしてくるものである。

◆知りたいことだけ

詳しく話すばかりが誠実とはかぎらない。情報の送り手は、相手の知りたいこと、知っておくべきことをきちんと把握することだ。そしてそれを完全に理解できるように伝えればよい。

最近でこそ改善されてきたが、機械類のマニュアルの読みにくさは「私の知りたいことは、どこを読めばいいのかが分からない！」という点にあった。Ｈ君の説明はまさにこのマニュアルの文書だったのである。周辺の事まで漏れなく話すため、客はどれが質問の答えなのか分からず、不満が残るのだ。

ある日先輩の女性から、「プロがアマチュアに説明する場合の鉄則はね、余計な情報は不親切ってことよっ」と指摘された。Ｈ君、しばらく当惑していたが、本来頭のいい青年だったので、それからは手際よく説明を切り上げるようになったという。

——— 告ぐるに害をもってするなかれ

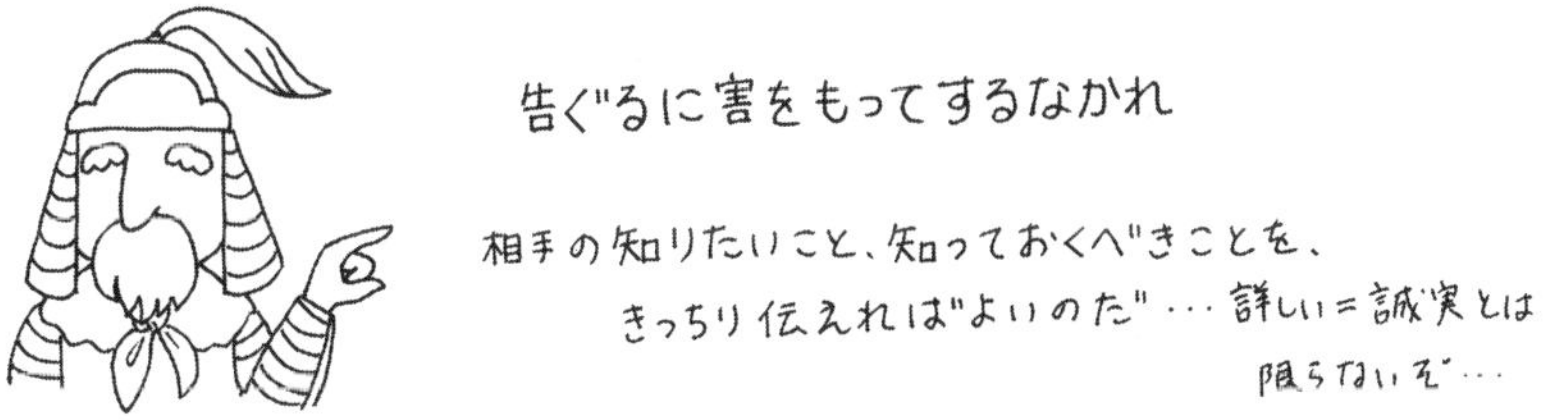
告ぐるに害をもってするなかれ
相手の知りたいこと、知っておくべきことを、
きっちり伝えればよいのだ…詳しい＝誠実とは
限らないぞ…

最大手X社の"○○くん"ですと
かけ捨てですが、私どもの"○△コース"は
長い目で見ればこのようにおトクなんですよ.
へえ〜
いろいろ
ご存知なんですね
保険の営業、A君
ところが説明が進むうちに。。。
ただ、私どもの"○△コース"には
デメリットもありまして、こちらの
グラフをよくごらんになるとわかるのですが…
あれっ？
実はあまりいい商品
ではないのかなぁ…
わからなくなってきたぞ
ここも
あそこも
云々…
はぁ
〜。

孫子 56

「電話は失礼」とは限らない

◆マナーも変わる

原点の意味は「兵法をよく知る者は、ことに応じた対応をして迷うことがない」である。

かつてはビジネスでもプライベートでも、電話で済ませるのは略式のマナー、基本的に電話は失礼という「常識」があった。しかし社会の変化に従い、簡単な挨拶程度で訪問して相手の時間を奪うよりは、電話の方が失礼が少ないという「新たな常識」もでている。

さてビジネスの兵法としては、迷う事なしに「電話で失礼します」を続けてよいものだろうか。最近はさらに、電話口に呼ぶのも失礼なのでお時間のある時にお読みくださいと、もっぱらＦＡＸで連絡をする人も増えている。伝言を頼むより文字で送った方が確実で安心でもある。

さらに、メールが普及してくると、時間を気にせず送信しておけるので、ますます「お騒がせ」の電話は使われなくなるかもしれない。

◆声だけの効用

難しい話やクレーム処理の話を電話ですると、話がこじれやすいので、対面して話すべきだと、長い間思われていた。しかし実はそうでもないという説がある。顔を合わせて感情に走ってしまうより、電話で冷静に話した方が解決は早いというのである。

実は電話は耳で聞くだけなので、聞き漏らしてはいけないと、対面して聞く時よりも緊張する。それだけに、記憶に止まる確率は高くなるという。そうした意味では、ややこしい話こそ電話でという考え方も、これからの常識としてはありそうだ。

ちなみに電話口では本音がでるとも言われる。声だけなので、かえって心の動揺や隠しごとが現れるらしい。視覚に邪魔されないだけに、ごまかしが効かないのだろう。さて電話をどのよう活用するか、通信の多様化で、改めて問われる時代になった。

かつて、電話で話すのは失礼、という『常識』があったが…
こんにちは! 近くまで来たのでご挨拶を…
うんぬん…
ああ、どうも
この程度なら電話ですませてくれればいいのに。時間がもったいないョ…
ややこしい内容
う〜ん…う〜ん…
これで顔を合わせていたらケンカになっていただろうな…電話でよかった
やはりEメールでしょう!
好きな時に送れて、ヒマな時に見てもらえるし…
私の場合はネ
FAXなら文字で残るからありがたい…

一に曰く「度」

孫子

57 椅子の座り心地が事態を好転させる

◆地の利を得る

「度」とは、戦場の地形を見て布陣のしかたや作戦を考えることを意味する。原典は「兵法に、一に曰く度、二に曰く量、三に曰く数、四に曰く称、五に曰く勝」となっている。兵法には以下の手順があるというのだ。①地形の判断、②投入すべき戦力の判断、③部隊編制の判断、④配備の重点、⑤勝てる見通し、である。度はその第一にあたる、地の利の活用ということである。

ビジネスの場として考えると、地の利とは、地形や室内の配置だけではない。いすの具合、光の入り方、騒音の有無、同席する人間など「居心地」を左右するすべての要素を、地の利として考えることができるのである。

◆いすの座り心地が説得力を左右する

ある心理調査では、座り心地のいい椅子に座った人の方が、やっかいな説得にも応じる率が高いとの結果が出たという。ユッタリした椅子に座っていると寛容な気持ちになるらしい。

つまり、「座って落ち着いて話しませんか」は、有効なのである。とすれば、事務所は質素でも、応接間や会議室の椅子は少し張り込む価値がある。

打ち合わせに喫茶店を使うなら、座り心地のいい、話のしやすい店を何軒か頭にいれておくことだ。もちろんレストランやバーなども含めて、自分だけの「地の利リスト」を持っているといい。

少しシビアな要求をしたいときは、「場所をかえませんか」と静かな場所に案内して、座り心地のよい場所に相手を座らせ、ゆっくり説得にかかろう。話す内容によっては、逆に、騒がしい場所のエネルギッシュな雰囲気を利用するという方法もある。

ビジネスに勝つなら、環境も味方につけよう。

―― 一に曰く「度」

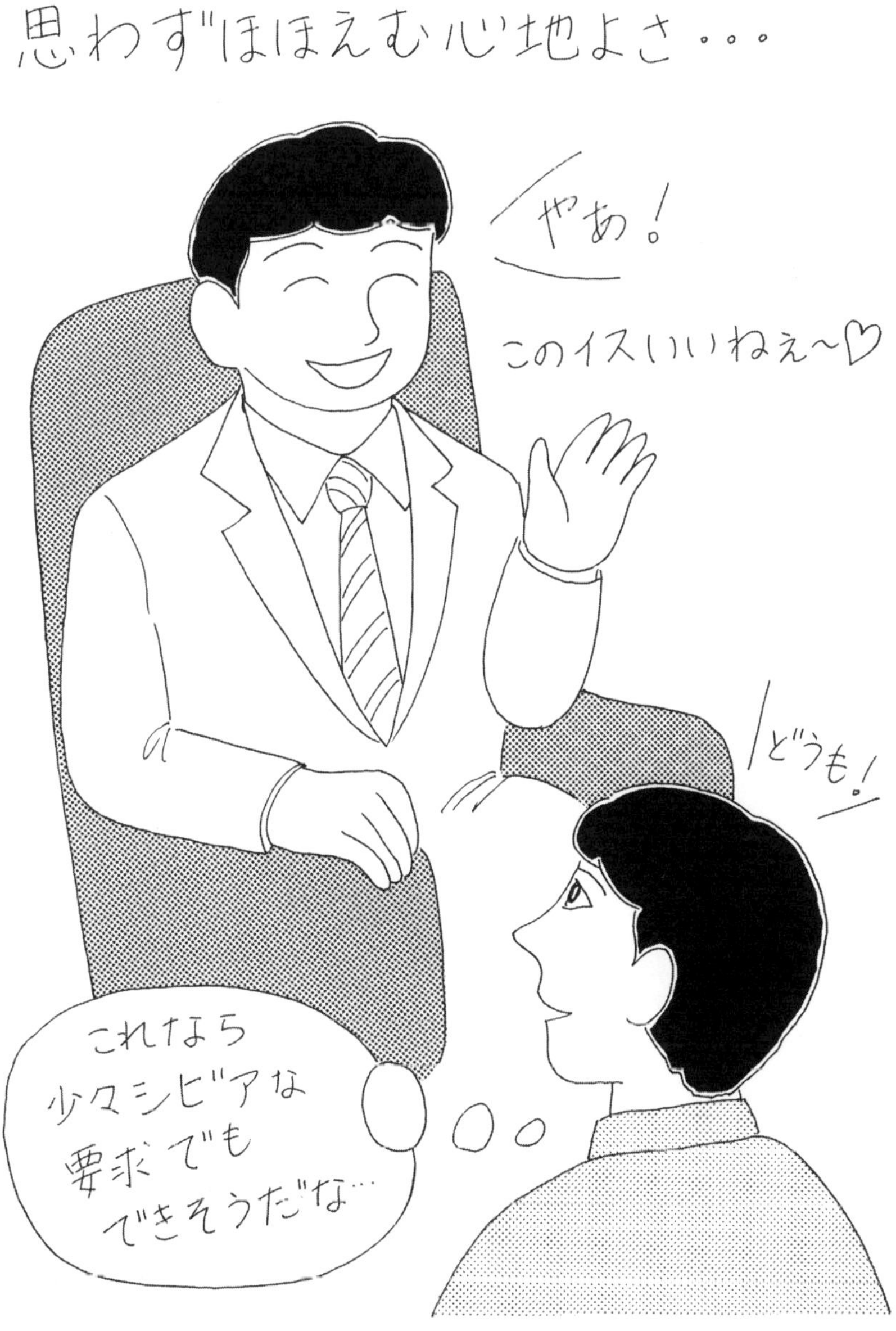
思わずほほえむ心地よさ…
やあ!
このイスいいねえ〜♡
どうも!
これなら少々シビアな要求でもできそうだな…

将は国の輔《たすけ》なり　輔周なれば即ち国必ず強く

孫子

58 上司にうまく働いてもらうには三択で

◆上司は部下が育てる

この原典の意味は、比較的分かりやすい。将は国王を補佐する立場。トップと将にあたる者の心が一つになっていれば国は安泰であるということだ。

これは今日のいろいろな組織についてもいえることである。企業のトップと重役、あるいは各部署まで降りてくれれば、部長と課長の心が一つになっていれば、その部門は安泰というわけだ。

しかし残念なことに、一枚岩とは限らないのが人の組織である。無能な部下に泣く上司と同じくらい、無能な上司に泣く部下もいる。上の人間の顔色ばかり気にして部下を見ず、自分で考えない管理職は、仕事の妨げになることさえある。

組織で働く以上、そんな上司にもうまく働いてもらわねばならない。できる部下には上司を育てる力があるものだ。プライドを傷つけず、うまくリードしていく方法を考えてみよう。

◆考えない上司には選択させる

何かの決定をさせたい時、「いかがでしょう」と聞いても明確な返事をしない上司には、即答しやすい条件を作って、お伺いを立てよう。通したい案の他にもう二つくらいアイデアを出して、三つか四つの中から選んでもらうのである。

「このように考えましたが、どれが適切かご指示を戴きたい」といわれれば、上司はプライドも傷つかず、自分の意見が反映されるので納得する。

この時一緒に出すアイデアを、見劣りのする物にしておけば、こちらの狙い通りの案を選ばせることができる。

ただし、時にはヘソ曲がりか本当に無能な上司が、とんでもない案を選ぶかもしれないので、一応どれが採用になっても大丈夫なようにはしておきたい。

——— 将は国の輔なり　輔周なれば即ち国必ず強く

——言えども相聞こえず、故に金鼓（きんこ）をつくる

孫子 59

指示は具体的に

◆相手に合わせた説明ができているか

戦場は騒がしく、混乱している。いくらどなっても聞こえるものではない。そのために、合図の旗やカネ太鼓が使われるのである。

この孫子の言葉を今に活かすなら、相手の耳に届く言葉で語れということになる。

ある機械メーカーで、家庭用食器洗い機を作った。小型ながら、プロの使う機械を作ってきたノウハウが活かされている。だが性能もよく価格も適性なのに、思ったほどには売れない。これが、一般市場のむずかしさである。

◆顧客の知りたいこと

ある日、店頭キャンペーンを担当させられた営業のB君は店頭で社員手作りのチラシを配っていた。すると受け取った一人の奥さんがつぶやいたのである。

「うちの流し台にも置けるのかしら」

もちろん寸法はチラシに明示してあるので、B君はそのように説明した。が、奥さんは不満そうだ。彼女にとっては「数字」よりも「うちに置けるか」が知りたかったのだ。

B君は社内に戻ってすぐ担当者と相談し、さっそくチラシを作り直すことになった。

機械だけのアップ写真だったのを、標準的な流し台の脇に置いた写真に代えて、台所においた時のイメージが分かるようにした。経費の説明も「消費電力」でなく「月間の電気代」として、他の電化製品と比較できるような一覧表にして、「考えなくてもそのまま分かるチラシ」にしたのである。

二週間後、在庫がなくなった。ビジネス週間誌のコラムにも紹介されるようになり、同社の小型食器洗い機は、その年度のちょっとしたヒット商品となったのである。

——— 言えども相聞こえず、故に金鼓をつくる

――力を一に併せて敵に向かえば、千里将を殺す

孫子 **60**

スピーチの極意はピンポイント

◆力を集中させれば

原典は「力を一に併せて敵に向かえば、千里将を殺す」というものである。正しい状況判断で兵力を集中させれば、遥か遠隔地まで遠征しても、勝利を得ることができるという意味だ。孫子は力の集中と分散を兵法のひとつのポイントとしてとらえているように思われる。たとえば、総兵力で劣っていても、敵の守りの薄い所にこちらの力を集中させれば勝つ事ができる、という具合だ。

たしかに、流れる水でさえ集中噴射すれば鉄板を切る道具となる。力はうまく集中させることで、より大きな成果を上げることができるのである。

この「集中」を、相手方にもあてはめてみたい。意図を相手に伝えるには、こちらがいくら頑張っても成果は半分だ。相手が聞く耳を持ち、意識を集中させた時、メッセージは相手に届くのである。

◆印象に残る話は一つ

人前で話す機会の多い人の中には、いつも印象的な、よい話をしてくれる人がいる。彼らは必ずしも滑らかには喋らないし、また、あまりいろいろな話を一度にしない。結局耳で聞く話の場合、頭に残るのは一つか二つである。あれもこれもと欲張っても、印象が薄まるばかりだ。話は一度に一つ。これは話上手の基本である。

部下に何か命じる時、あるいは上司に報告する時、これも一度に一つを心掛ければ伝達ミスが防げる。ましてやプレゼンテーション、会議、クライアントを説得するような場合、一度にいくつもの話をするべきではない。大切な話は一つだけ。ほかの話は、あくまでも添え物としてメインの話題を引き立てるためにすべきである。

クライマックスは一度。それを最初にするか最後にするかは、状況次第である。

――― 力を一に併せて敵に向かえば千里将を殺す

――善く戦う者の勝つや、智名も無く勇功も無し

孫子 *61*

目立った働きが、凄いとは限らない

◆万全の備えがある

真に強い武将は、戦いに勝つべく十分に準備を整えてからコトにあたるので、勝つのは当然である。従って、苦戦も熱戦もしないから、人はその働きに気づく事がないものだ、と孫子は説く。

中国の思想家「墨子」は、雲梯という新兵器を使って宋の国を攻めようとしている王に、それを思い止まるよう説得しに行った。雲梯とは城壁を乗り越えて兵士を送り込む装置である。（小学校に同じ名前の遊具があったが、形が似ていたのだろうか）

宗の国には雲梯の上をいく武器の準備がある。ここで無理に攻め込めば、攻撃側の兵士は壊滅を免れないであろう。墨子は淡々と王に語った。

◆「いかにも」の働きはなくても

王は新兵器を試したかったのだが、兵士を無駄に死なせるわけにはいかないという分別が勝ち、戦は回避された。本当にそんな武器があるのか？　と疑いながらも、思い止まるあたり、冷戦時代の「均衡」を思わせるものがある。

何事も起こらぬうちに収めたので、宋の国民は、自分たちを救った墨子のことを知りもしなかったという。手際のよい仕事は、めだたないものだ。

ビジネスも、残業したり走り回ったりしている者が働き者とは限らない。このことは、上司の立場にあっては、「いかにも働いています」という部下に気をとられて、手際よく仕事をしている者を見逃してはならないという戒めになる。一方部下の立場に立てば、少しは大変そうに見せるのも、テクニックのうちといえるかもしれない。

特にクライアントに対しては、時には多少大変なふりをしてみせるのも、効果があるかもしれない。演技も兵法のうちである。

―――　善く戦う者の勝つや、智名も無く勇功も無し

半ば退くは誘（いざな）うなり

孫子 62

NO（ノー）の中に潜むYESをつかめ

◆見た目と本音の違い

「半ば退くは誘（いざな）うなり」とは、孫子が状況判断について述べた「行軍」の章の一節である。敵方の兵士が半ば退いて見せるような場合、本気で退却する気はまずないと考えていい。誘い込んで反撃する意志を隠しているに決まっているので、うかうかと策に乗ってはいけない。

　このように事実と見せかけが違う場面は、現代にも多い。ビジネスという戦いの場でも、相手の本音を早く掴むことが、勝ちを制するための基本である。ホンネと建前などと簡単にいうが、いきなり本音を見せてくれる相手など、まずいないものである。こちらがアンテナを立てて、チラリと見える相手の本音を素早く読み取らねばならない。

◆一度であきらめないが、深追いもしない。

セールスという仕事の基本は「断られること」であるといってもいい。一度の断りくらいで、沈んではいられない。しかし本当に脈のないところなら、何度当たってもむだだ。そこを見極められれば、営業もベテランである。

　表向き断りながらも、可能性を示すヒントを与えてくれる会話がある。たとえばこんな場合だ。

「うちみたいな貧乏会社、お宅みたいな大企業とはつきあえないよ」「貧しい小企業にさぁ」

　会話の中に「ビンボー」が頻発する。これは費用の面さえ折り合えば、なんとかなるかも。あるいは、初回に少しサービスを上乗せしてほしいのかも。

「私はただの係長ですから。偉い人が決めることに従うだけです」「決定は雲の上ですからね」

　上が上が、と言うのは、上司に話を通すのに有利な材料を揃えてくれという含みかもしれない。相手の出すサインに敏感になろう。

——— 半ば退くは誘うなり

断りながらも可能性を示すヒントを与えてくれる会話：
いやー うちみたいな貧乏会社はお宅みたいな大企業とつきあえませんヨー
ビンボーでビンボーで
価格さえ折り合えば何とかなるかな？
いやいやそんな…
私はただの課長でねー上が決めることなのでね上がいいと決定しないとこっちもちょっとねぇ〜
上がねぇ〜
これは…上に話を通すのに有利な材料をそろえればいいかも…
そうですか_

兵は益々多きを尊ぶにあらざるなり

孫子 63 量だけ誇るのは無意味である

◆重厚長大からプロパーへ

「兵士はその数が問題ではない、勝つことが重要なのだ」と孫子はいう。この文の後には「勢いに任せて猛進するのでなく、状況をよく見ながら、統率をよくして進まねばならない。数を頼んで無謀な攻撃をすれば、捕虜になる」という説明が続く。

孫子はその兵法の中で「戦いは勝つことだ」と繰り返す。一方で、戦争は国土を荒らし国民の負担となるものであるとも述べている。避けられるものなら、極力戦いを避けようという思想が底流にあるようだ。そうした意味では、軍縮の書とも読める。

この一節で孫子は、兵士の数ばかり誇って考えなしに進軍するのは愚かだという。別の項でも、少ない兵士で大軍に勝つのが兵法だと述べているので、孫子の頭のなかは、常に、効率と合理性、適切な規模というようなことが考えられていたようだ。

現代のビジネスも重厚長大を脱し、適切な規模、適当なボリューム感が重視されている。

◆分厚い企画書よりも、一枚のレポート

適切なボリュームということで、書類の分量を考えてみたい。企画書やビジネス・レポートというと、つい、分厚いものになりがちだ。ある程度のボリュームがほしい気がして、資料を添付したくなるからである。しかし受け取る側の身になってみれば、読まねばならない文書は少ない方がいい。

できることならＡ４のペーパー1枚に収まるように、余分なものをそぎおとしてみよう。これで勝負と思うと、裏付けとしてさまざまな「付録」をつけたくなる。しかし、あえてそこは切り捨てることだ。必要最小限になるまで引き算を繰り返すことで、考え方のポイントを絞る訓練にもなる。説得力は、文書の量ではない。

こちらのCD-ROMも
是非、ごらん下さい
Plan
これはすごいですねえ
全部に目が通せるかな…
提案書だけなのですが、
いかがでしょうか？
これは意外な・・・・
面白い内容じゃないか！
ふーむ

正をもって合し、奇をもって勝つ

孫子 64

話には通しどころがある

◆正攻法と奇策の使い分け

原典の「正をもって合し」は、戦いはまず正攻法で敵に当たるものだという意味、そして「奇をもって勝つ」とは、最終的に敵方が考えてもいないような奇策をもって勝利を決するという意味である。戦争も外交の一種である以上「マナー」はある。それが、最初は正攻法で対峙するということなのだろう。いきなり変則的な戦法から始めるのは、王たるものの取るべき道ではない。

正攻法と奇策の使い分けやバランスが事の成否を決めるということは、現代のビジネスや交渉ごとにも通じる。以下の話は、交渉のプロともいえる代議士秘書が語る「話の通し方」のコツである。

◆話は両側から進める

まず、人が犯しがちな誤りは、地位の高い人に話を通せばコトは早いという思い込みである。しかし、組織の上の人間から言われれば、立場上それには従うものの、人間の心理として、自分を飛ばされての話は決して愉快ではない。

何か多少の無理を通したい時、話はまず正攻法で通すことだ。本来の窓口となる人の所に行き、規則どおりの手続きをしておく、これが基本である。その際、上の人に頼みに行く予定も伝えておく。こうしておけば担当者は準備ができる。後日、上の人間から話が来た時には、事情が分かっているので敏速に対応でき、彼自身も上役に面目をほどこすことができるわけだ。

その仕事に携わる人の立場を尊重するというのが、交渉の基本である。人は自分のプライドと面子が保たれれば、少々のことには目をつぶる。交渉は正攻法と裏側の両面、上と下の両側から、これが話をスムーズに運ぶコツらしい。

――― 正をもって合し、奇をもって勝つ

正をもって合し、奇をもって勝つ
某代議士秘書 乙氏
要求を早く通すコツは、
『話を下と上と両面からする』
ことなんですヨ。
―失敗例―
いきなり上の部署の人へ。
よし、
キミの話は
わかった!
○○の件ネ
担当者
○○の件だが
よろしくたのむよ。
えっ、○○の件?!
私はきいて
おりませんよ。
○○の件なんて 突然で
困まるねえ～アンタ。
いや
あの、
その―
―乙氏の場合―
まず、担当者に…
〈正攻法〉
初めまして乙さん。
○×の件ですね
承知しました。
〈ここが乙氏流〉
次に上の人に…
よお、乙くんか!
○×の件ね
わかった。
○×の件
たのむよ
ハイ、
承知しました!
さっそく処理
しておきます。

孫子

65 座る位置で心を読む

◆テーブルの形

戦場では地理的に優位な位置を占めるように努めよという解説の部分である。孫子はもっぱら物理的な面について論じているが、ここでは心理的な面も考えてみたい。

相手が座ろうとする位置によって、心理が読めることがある。また席の配置を考慮すれば、交渉を有利に運ぶことも可能である。

心理学では、対面式の座り方は対立感情を生むとされている。何年か前、二つの国の会議のテーブルの形で揉めているというニュースが流れたことがある。最終的には丸いテーブルで合意を得たが、これは賢い選択だったといえよう。丸いテーブルを囲むだけで、「譲れない」という心理を抑え、ずいぶん穏やかな雰囲気になったと思われる。間にテーブルを置かなければ距離感はさらに縮まり、親近感が演出できるが、公式な外交の席ではそうもいくまい。

◆L字座りは心を開く

人が安心して話せるのはL字型の配置である。正方形あるいは長方形の、一つの角を共有する二辺に沿って座る形だ。お互いに正面を向けば、視線を合わせずにすむので心理的な圧迫感がない。同じものをほぼ同じ視点から見ることも容易だ。そして顔を横にむければ、自然に目を合わせることができる。やっかいな話、ぜひまとめたい話のときは、このように座れる場所を選ぶとよい。

相手がどのように座るかで、気持ちを知ることもできる。向かい合った席でも、離れて座り、いすに深く腰掛けて身を反らせるようにするのは、こちらを避けたい意識の現れである。逆に身を乗り出すようにして座るのは、こちらに対して、関心か好意がある証拠である。

—— 此れ兵の利、地の助なり

心理学では、対面式の座り方は
対立感情を生むという…
バチバチッ
外交の場での丸いテーブルは
賢い選択と言える
安心して座れるのはL字型
こちらが
大まかな
プラン
でしてー
ほー
やっかいな話
ぜひまとめたい話
…そんな時には
こう座れるような
場所を選ぼう！
この形なら顔を
合わせずに座れる
―座り方でわかる、相手の気持ち―
〈関心・好意あり〉
おっ
いい感じ
〈さけられている〉
これは
まずいな…

勇を斉しくして一のごとくならしむるは、政の道なり

孫子 66

自分で決めさせる

◆笛ふけど

「笛吹けど踊らず」ということわざがある。いくら他人から働きかけられても、人の気持ちは簡単に動くものではない。孫子はこのような心理を理解していたからこそ、命令でなく彼らの自発的な意欲によってこそ、兵士の心は一つになると説いた。そのよう導くのがリーダーの務めである。人は、説得するよりも自分で決めさせるほうが、アクションに結びつけやすい。

ある健康補助食品の会社で、PRイベントの参加者にアンケートをとることにした。簡単な質問に答えてもらいながら、栄養の重要性に気づいてもらおうという意図である。

最初の年は「◇◇は体にいいと思いますか」という質問の形をとった。「はい」と答える人は多く、サンプルも喜んで持ち帰ったが、販売にはいまひとつ結びつかなかった。

◆自分で考えると納得する

翌年、アンケートの内容を変えた、「栄養補助食品のどんなところが体によいと思うか、どんなところが便利か考えてみてくれませんか」という問いかけにしたのである。お茶を飲みながら話す、気軽なシンポジウムのようなこともやってみた。

難しくてわからないわと、サンプルだけ貰っていく人も相変わらず多かったが、シンポジウムに参加して喋ったり、アンケートに記入した人たちは、高い確率で購入者になった。健康補助食品なんて、と言っていたのに、良い点を自分たちで考えていく過程で、その食品の支持者になっていたのだ。

手品師がカードマジックで使うトリックにも少し似ている。客は自分で選んだつもりで、手品師の意図どおりのカードを引いているのである。

――― 勇を斉しくして一のごとくならしむるは、政の道なり

人から言われてもそうそう心は動かない
でも、自分で決めさせると‥‥

―ある健康食品会社のPRイベント会場―

さぁ、みなさん！この食品、どんなところが子供の体に良いと思うか、考えてみてくれませんかー？

「◇◇は体にいい」と言わないのがミソ
健康食品なんてねえ～

おいしいのかしらね…

どれどれ…

アラ、これ…花粉症に良さそうねえ
え、そうなの？ためしに1つ、買ってみる？

作戦成功!

COLUMN 3

生きる目的は何か？

「孫子」は戦うにしても、その目的を明確にしろと言っている。

　ドイツのK・クラウゼヴィッツは『戦争論』の著者で有名だが、その中で「戦争は、政治におけるとは異なった手段をもってする政治の継続にほかならない」と著している。これを受けて「近代戦は総力戦」という定義づけをしたドイツのE・ルーデンドルフは、「戦争において勝つためには、政治は軍事に奉仕すべきだ」と断じた。政治が主か、軍事が主か、その見解は立場によって分かれるであろう。しかし、いずれにせよ手段は目的から離れて考えられることはなく、戦争も政治も、その活動の目的は明確にされなければならない。

　日中戦争は、偶発的に勃発したとはいえ、目的も明確にされないままズルズルと泥沼に足を取られるがごとく継続された。これは、為政者の責任といわざるをえない。

　事業や仕事でも同じである。何のために仕事を行なっているか――。はっきり答えられるだろうか？　家族を食べさせるために、というのであればそれでもかまわない。事業を行なうにも、その理念がはっきりしないと、従業員のモチベーションは維持できない。

　お金を貯めるためだけに”生きる“人間がいる。それが生き甲斐だと言われれば否定はしない。稼いだお金が、評価の基準であるケースもあるからだ。しかし、お金は本来、「手段」であって「目的」ではない。お金を貯めるだけの人生は、寂しくはないだろうか？　人生の勝利者は、金持ちだけではないはずだ。

第4章　情報を集める

——塵《ちり》高くして鋭きものは、車の来たるなり ひくくして広きものは、徒《かち》の来たるなり

孫子 67

情報を「読み取る力」が勝敗を分ける

◆集めるだけなら、だれでもできる

情報社会の現代にあっては、多くのデータがかなり容易に手に入る。かつてないほどの質と量で、情報が流れ込んでくるといってもよい。

こうした社会では、情報を集め、蓄えているだけでは何の役にもたたない。その情報にどんな意味があるのかを読み取る力が要求されるのだ。

孫子は、敵陣の方角に上がる砂煙の形から敵の動きを読み取れといった。砂煙が高く上がり先が尖っているのは、敵が戦車を進めている証拠である。低く、広い範囲に広がっているなら、その下では歩兵が進軍している。

ちいさな煙が行ったり来りしていれば、敵は荷物を運んで陣を設営していることが分かるのである。

◆現象の裏にある意味を読め

スーパーPではスナック菓子の売れ行きが良いので、別の支店の店長が二人、何度か視察にきた。A店長は早速、その時P店にあったのと同じ銘柄の菓子を仕入れたが、思った程の伸びがみられなかった。一方B店では、P店が定期的にスナックの銘柄を入れ替えている点に注目した。自分の店でも銘柄をを入れ替えるサイクルを少し早くしてみたところ、売上が伸びたのである。こうした商品は、目先の変化が購買に結びつくのだ。P店長は客の「飽き頃」を読み取って、入れ替えをしていたのである。

品動きから客の心理を読みとったP店長と、その店の視察でP店長の意図を読み取ったB店長には、情報の読解力があった。A店長は情報を集めに来ただけだったのである。情報社会では、情報量の点で差をつけることは困難になった。質の点でも以前よりは差がつけにくい。いわば横並びになった状態でモノをいうのは、読解力である。ただの砂塵と思って眺めてはいけない。

——— 塵高くして鋭きものは、車の来たるなり
ひくくして広きものは、徒の来たるなり

郷間（きょうかん）あり、内間（ないかん）あり

孫子 68

相手を知るには、さまざまな着眼点がある

◆間とは情報源と理解する

孫子は間者、つまりスパイのことを随分詳しく述べている。戦う前に勝ちを得るためには、状況の分析と判断を正しいものとするための、情報がなにより必要である。それは「間」から得られるものだったからである。孫子は間には五種あるという。郷間、内間、反《はん》間《かん》、死間《しかん》、生間《せいかん》、である。郷間はその土地に詳しい現地の住民、内間とは、敵方の組織の内部にいる人間、反間は逆スパイ、死間は相手方に誤った情報をあえて伝える人間、生間とは情報を持ち帰った人間のことをいう。

ビジネスにも情報は必要である。会社四季報や業界情報として入手できる「既製の情報」のほか、生きた情報をくれるのは、孫子のいう郷間・内間にあたる人である。ただし相手に「間」をつとめているという自覚はない。こちらが発言や態度から読み取る、つまり間として活用するのである。

◆声からも読み取れる

たとえば相手の企業の従業員、とくに一人に絞る必要はない。電話にでた時の受け答えや、こちらが受付に立った時の職場内の態度などから、企業の姿勢はおのずと知れるものである。

受付に立った瞬間から空気は読める。来客を職員が横目でみながら放っておくような企業は、危機対応能力も低そうだ。また電話口での対応は、声だけなので逆に職場の体質が出やすい。応対がきちんとしている会社なら好感度が高いだけでなく、内容もしっかりしていると思われる。

近所の定食店などで「◇◇社の方もここに来ますか」と世間話をすると「ああ◇◇社さんね」の口調で◇◇社への評価がわかってしまう事がある。人間、食べる時は意外に「素」が出るのだ。

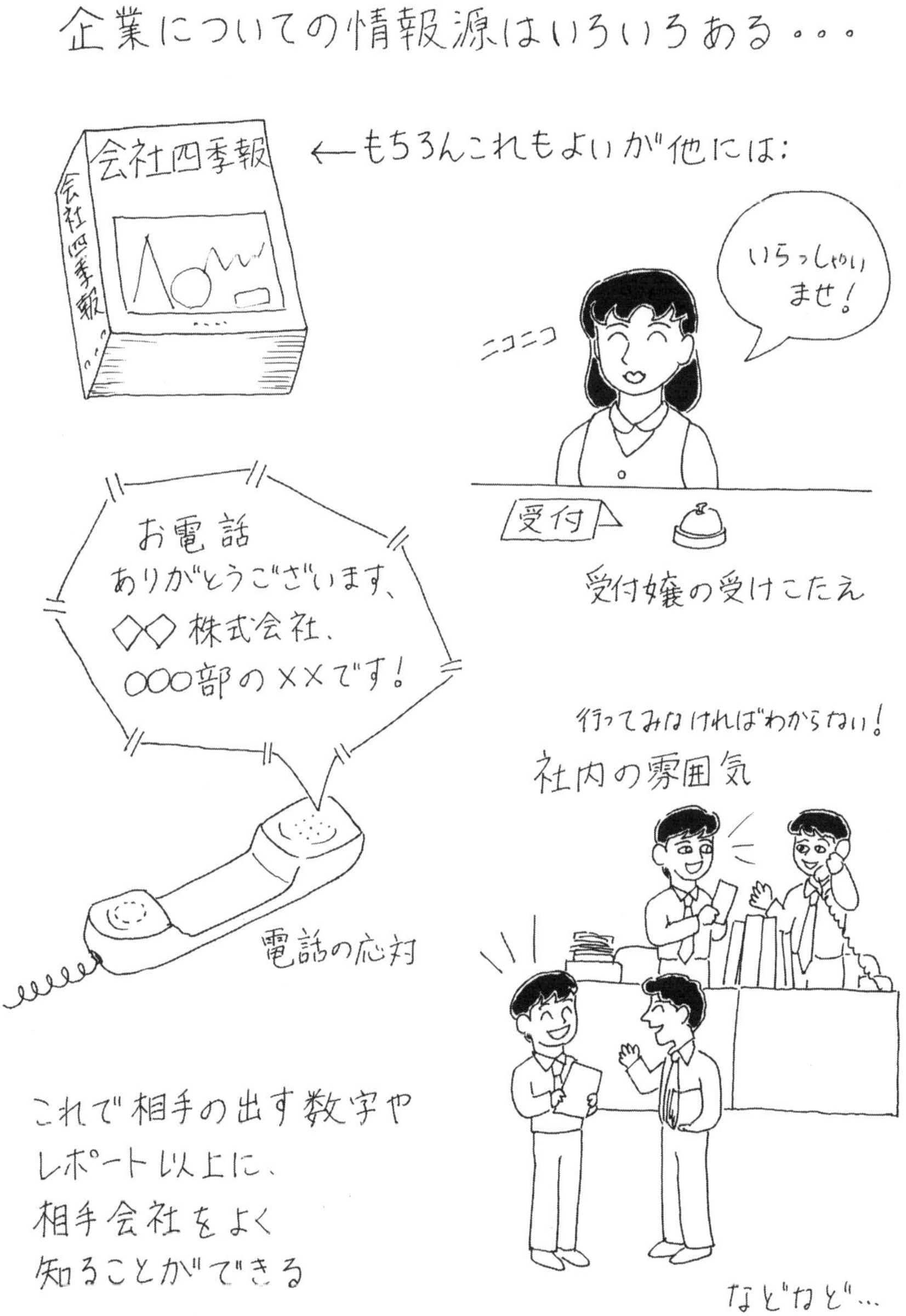
企業についての情報源はいろいろある・・・
会社四季報
←もちろんこれもよいが他には:
会社四季報
いらっしゃいませ!
ニコニコ
受付
受付嬢の受けこたえ
お電話ありがとうございます、◇◇株式会社、○○○部の××です!
電話の応対
行ってみなければわからない!
社内の雰囲気
これで相手の出す数字やレポート以上に、相手会社をよく知ることができる
などなど…

辞（じ）卑しくして備を益するは進むなり

孫子 69

相手の本音を見抜け

◆背景を知る努力

敵方の使者がやって来た。言葉もへりくだり、戦意がないかのように振る舞っているが、敵陣では着々と戦いの準備が進んでいるらしい。これはどうみても、素直に休戦しようという構えではない。要求が通らなければ戦いも辞せずということか、さもなければ油断させて攻め込もうという作戦である。

孫子は「備を益するは」とあっさり書いているが、実際には、そんなに簡単に実態が分かるとは思えない。使者を立てておきながら、見えるところで戦闘準備をするような、すぐバレる事はしないだろうから、当然こちらも手を尽くして敵陣の様子を探っているのである。相手のハラを読むためには、情報収集は不可欠である。

◆本音とタテマエ

どんな社会でも、人間関係をスムーズに運ぶための配慮はなされる。またなるべく有利な（あるいは友好的な）関係を結ぶためにも、人はさまざまな作戦を立てるものである。

「考えておきます」は、婉曲な断りの言葉の代表のように言われているが、本当に考える時間がほしい場合もある。また「考えておきます」といいながら、実は「もっといい条件を考えておけ」という意味が込められてる場合も少なくない。

乗り気なのに、少しでも優位に立ちたくて言を左右しているなら、譲歩ラインを探ることで結論が得られる。予算の問題なら価格交渉を進めればいい。

言葉を濁したり返事を引き伸ばす場合、相手は何を気にしているのか、ネックは何か、言葉でなく全体の様子やそれまでの経緯から本音を読み取ろう。逆に、妙にキッパリした返事の時も、本音でない場合があるので、これも注意が必要だ。

考えておきます
本音は：
"おことわり"
うーむ、これは『脈なし』だな…
表情もカタイしなぁ
ここで
ひょいひょい話に
乗ってしまうと、
立場が優位に
保てないな….
そうですねぇ〜〜
情況から考えると
この取引には
乗り気なはず….
一体何を
しぶっているんだ？
何がネックなんだ？
納期か？
資金か？

――三軍の事、間より親しきは莫し

孫子 *70*

内外に味方を持て

◆ちょっとした事の積み重ね

営業マンのD君はどこに行っても「あ、D君」と声をかけられる。その顔の広さとファンの多さは、たまに同行する課長が驚くほどである。

自分は挨拶だけが取り柄とD君は言うが、実はそれだけではない。暑い日に事務所の女の子にアイスクリームの差し入れをするなど「ちょっとしたコト」で人気があるのだ。モノの問題ではない。「事務所の人も暑いだろう」と考える、その心が伝わって相手は嬉しいのだ。先方も何かと役にたつ事を耳打ちしてくれたりするようになる。

孫子は「間」が一番大事という。「間」は今でいうスパイだが、現代なら情報源である。D君は、これを無意識のうちに作っていたことになる。

◆倒産を事前に感知

訪問先でも、D君は駐車場のおじさんにもきちん挨拶する。それだけでなく、車が出てくるまでの間に世間話をするし、時には「貰い物で失礼だけど」とビール券をあげたりしている。

彼は特に意識してやっているわけではないらしい。しかし「駐車場のオヤジなんか、顔も覚えない人の方が多いのに、Dさんは以前に話した孫の名前まで覚えてくれてるんだよ」とおじさんは言う。おかげで彼の車はいつも出しやすい所に停めさせてもらえるのだ。

ある日、おじさんがそっと「◇◇商事さん、このごろ夜中まで人が出入りしてるね。ヤクザみたいなのも出入りしてるんだよ」と教えてくれた。

成約寸前の大きな取引があったのだが、上司と相談のうえ、少し見送ることにしたところ、◇◇商事は翌月倒産した。事前情報のおかげで彼の会社は大きな被害は受けずに済んだのである。

―クライアントのビル駐車場―
よォ、今日も元気そうだな
こんにちは！今日もお世話になります
←管理のおじさん
―オフィスで―
まあA君、いつもありがとう！
今日は暑いねえ！ハイ、さし入れ….みんなで食べてネ
アイス
そしてある日のこと….
あのねえ、◇◇商事って、最近夜中までヤクザみたいなのが出入りしてて何かあやしい感じがするんだ….気をつけた方がいいよ
えっ…
ヒソ…
もらいもので失礼かなとも思ったんですが…
いや、いいのにそんな気を使わなくても
いつも出しやすい所に車をとめさせていただいているので…
ビール券
そして翌月…
◇◇商事、倒産したなあ
取引きやめておいてよかったな
ええ
おじさんに話を聞いていなければ損する所だった…
…というわけで、◇◇商事とはちょっと大きな取引きをひかえてはいるのですがどうしましょう？
うーん…危ないから少し見送ろうか
←上司

郷導《きょうどう》を用いざる者は地の利を得るあたわず

孫子 71

生きた情報を得るために

◆現地ガイドがあってこそ

兵士を動かす場合の実際について、孫子が述べている部分だ。「山林、険《けん》阻《そ》、阻《そ》沢《たく》の形を知らざる者は、軍をやるあたわず、郷導を用いざる者は地の利得るあたわず」

ほぼ読み下しでも意味がとれそうな文章である。「郷導」とは文字通り郷の導き、つまり現地ガイドである。こうした案内がなければ、せっかく兵士を派遣しても、地形を生かした陣を張ることはできない。地形を知らなければ軍を進めることもできない。戦略が生きるのは、リアルタイムの現地情報あってこそである。

◆バリアフリーの情報源は

バリアフリーという言葉も、かなり知られてきた。生活用品や住宅などに、高齢者や身体の不自由な人への配慮のあるものが、多くなって来た。

こうしたデザインにかかわる人は、当然使う側の人たちからの情報を集めている。たとえば手すり一つにしても、握りの太さや取り付け位置によっては、役に立たない「形だけ」のものになってしまうからだ。しかし聞き取りもなかなか大変な仕事だ。使う側の思いを伝えるのは難しい。

そこで、デザインする人自身に年を取ってもらえば一番よく分かるというので、老化体験用の道具が考え出された。インスタント・シニア、ウラシマ・セットなどと名付けられた疑似体験装具である。

サポーターや重りのはいったベスト、手袋、黄色いサングラスなどで、関節炎、白内障、高齢による感覚の鈍化などを体験できる。ひざが曲がりにくい人には、どんな椅子が楽か、高齢者にも見やすい表示とはどんな色や形なのか、自分の体で納得できるのである。

生きた情報を得るには、土地の者を使わんとわからぬ。
ましてここは我々にはいまだ見知らぬ土地ではないか…
もちろん気をつけるがな
地元の案内人
将軍、よそ者を部隊に入れて大丈夫なのですか？
何だか心配…

『バリアフリー』もかなり知られるようになったが―
こんな高い手すりじゃ意味がない～
しまった…
手すりのデザインをした人
全然使う人の身になっていないや

「インスタント・シニア」や「ウラシマ・セット」は年を取るとどんな感じがするのか体験できる装具である
うわ重たい！
これは腰にくるなー
ずっしり
おもり入りベスト
見えない…
白内障体験サングラス
痛いも熱いもわからん…
危ない危ない
年を取ると感覚が鈍くなるのがわかる手ぶくろ

微《かすか》なるかな微《かすか》なるかな、形無きに至る

孫子 72

視察くらいでノウハウは分からない

◆名将の指揮は神秘性がある

原典は「微なるかな微なるかな、形無きに至る。神なるかな神なるかな、声無きに至る」と続く。名将が指揮すれば、こちらの様子が相手には全く分からない。形も音もないかのように見えて、敵はどのように守ればいいか、どう攻めればよいかが分からなくなってしまう。まさに神業のようだ、という意味である。

製造業では、よい生産システムを実践し、成功している企業には全国から視察が多くやってくる。百聞は一見に如かずということであろう。しかし、ノウハウというのは、一日だけの視察で分かるようなコトではない。表に見えない工夫の蓄積があってこその成功である。そこを見落としてはいけない。

◆「見ても解りませんよ」という自信

自動車メーカーQ社の生産ラインは、大手J社も気にして視察にいくほどのものであったらしい。自動車といえば、近年は韓国の車が伸びていて、体育館の何倍もあるような大型工場が稼働している。Q社の工場は、いわばその対極にあるものである。

社員が「いやぁ恥ずかしくてお見せできませんよ」という程度の規模、しかも古い設備の使い回しだ。しかしそこに集積されたノウハウは濃い。

通常一つの生産ラインでは一車種だけが生産され、その変更には時間がかかる。しかしQ社は同じラインで複数の車種を作る。しかも完成までの時間が極めて早い。それだけではない。余分な投資をしない方針で生産ラインを整えたので、コストが抑えられている。視察にきた人が「なぜこんなラインで複数車種、しかも低価格が可能なのか、わからん」とつぶやくほどだ。そこは企業秘密ですとQ社の社員は笑う。苦労して作りあげたシステムへの自信である。

——— 微なるかな微なるかな、形無きに至る

勝兵はまず勝ちてしかる後、戦を求め

孫子 73

「売ってから作る」を可能にしたもの

◆見込みを立ててから動く

孫子はしばしば「戦う前に勝つ」といった表現をする。あらかじめ勝算を立ててから取り掛かることがいかに重要かということである。ここでも、勝利を納めるのは、勝てる見通しをつけて戦うからだといっている。

勝つ見込みとはどうすれば立つものだろう。たとえば商品なら、売り先を確保してから作る「受注生産」ならロスがないので、価格も安定する。この受注生産ということが、インターネットの時代に少し様変わりしてきた。

従来の受注生産は、本当に、一つずつ注文に会わせて特注品を作ることであった。しかし今、別の形が成立しつつある。「欲しい人が◇◇人集まれば、その製品を作ります」という、乗合船のようなやり方が可能になったのである。

◆生産に見合う数になるまで待つ

たとえば、ピンクの水玉模様のソファが二万円で欲しいという声があると、メーカーは製造コストを試算してみる。一五〇台生産できれば採算がとれるということになれば、インターネットにその受注サイトを開くのである。欲しい人がアクセスしてきて、注文が一五〇件に達した時点で、生産にかかる。

既に売れている商品を作るので、材料にロスがない。従ってその分だけ価格を下げることができる。

注文したい人にとっては、自分の欲しいものが特注でなく普通に近い価格、または、ロスを見込まずに済むぶんだけ、むしろ低価格で手に入るという、双方満足のシステムである。

ＩＴが可能にした孫子の兵法といえる。製造と販売の分野は、大幅にかわろうとしている。そして、いくら情報が発達しても品物はネットでは送れないので、流通はますます伸びていくに違いない。

まず勝ちてしかる後、戦を求め…
―ITが可能にした、孫子の兵法―
ピンクの水玉もようのソファーが欲しいな！
お願いしま〜す
ハイ、ソファーね！
メーカー
注文
インターネット受注サイト
ピンクの水玉もようソファー♡
買ってくれる人が100人を超えたら作ります！
注文画面へ
あっ、カワイイ〜！ほしいな…
私も〜
計算してみたら、100台生産すれば採算がとれる…
メーカー
フムフム
特注品のようなものだけど、普通に近い値段で手に入るから、満足だわぁ〜
既に売れているものを作るから、ロスはなし！
メーカー
おいしい商売♡

彼を知り己を知れば百戦して危うからず

孫子 *74*

すべての商品を暗記している「父」

◆相手と自分をよく知れば

孫子の兵法中で最もよく知られた一節ではないだろうか。「彼を知り、己を知れば百戦して危うからず」の後には「彼を知らずして己を知れば一たびは勝ち、ひとたびは負く。彼を知らずして己を知らざれば、戦うごとに必ず危し」と続く。

自分の能力と相手の力、両方についてよく知っている者は戦いに必ず勝つ。自分の側の事だけ分かっている者は、数多い戦いうちの半分には勝てる。どちらについても知らなければ、全戦全敗になるだろうということである。

彼を知るということの中には、敵の能力、意志といった相手方に関する情報だけでなく、環境、気候、関係者の支持の有無など総合的な条件も含まれる。単に「彼」と「我」の二元でとらえるのでなく、さまざまな視点からの情報・条件と考えたい。

◆バザールの知恵

手織りの高級カーペットで知られるP社は、回教国らしく家長（社長）が絶対の権威を持っている。日本での販売を仕切る支社長は息子だが、父には全く頭が上がらない。

この父は古風なバザールの商人らしく、会計学も帳簿も知らないが、自分の扱う全てのカーペットについて、色・柄などを完全に記憶しているという。年に何度か日本に来ると、息子に「いついつ仕入れた茶色のあの柄のカーペットはどこに売れた？」という具合に尋ねるそうだ。

倉庫の担当者による在庫数のゴマカシなど通用しないのである。ひとたび信頼すれば、口約束でも絶対に裏切ることはないというイスラム商人の掟と誇りが、こうした「情報管理」の裏付けによるとすれば、意外に近代的であるともいえる。

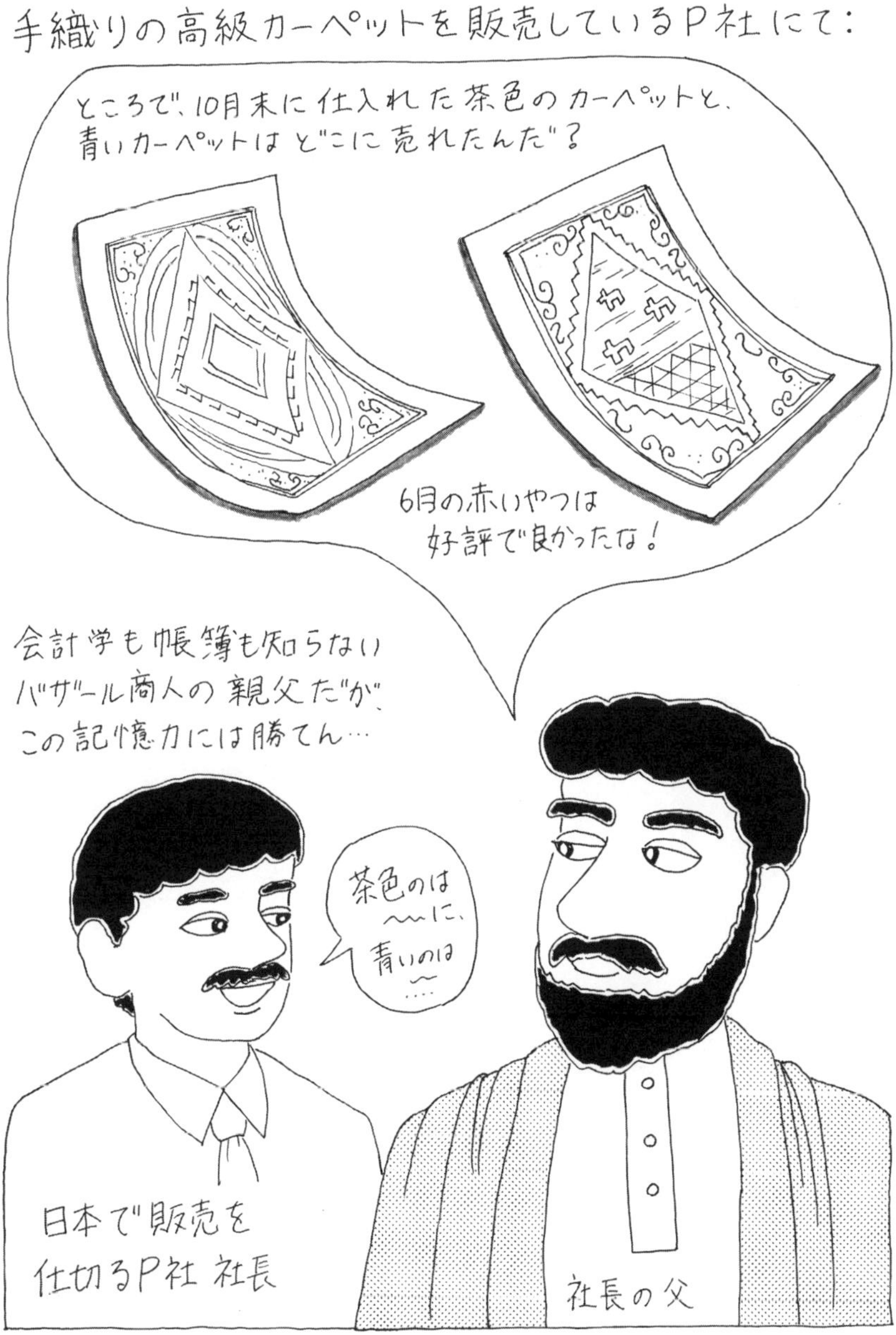

手織りの高級カーペットを販売しているP社にて：
ところで、10月末に仕入れた茶色のカーペットと、青いカーペットはどこに売れたんだ？
6月の赤いやつは好評で良かったな！
会計学も帳簿も知らないバザール商人の親父だが、この記憶力には勝てん…
茶色のは〜〜に、青いのは〜…
日本で販売を仕切るP社 社長
社長の父

烏集まるは虚なるなり

孫子 75

多様な分野から情報を集める

◆情緒に敏感になる

エビの消費量が、国力を示すという話を聞いたことがある。かつて七つの海を支配し、日の沈まない国と言われていた頃、エビはイギリスで消費される量が多かった。その後、日本がトップという時期もしばらくあったのだが、今は中国に追い越されかけているらしい。

なんだか、妙に納得のいく話ではある。このように、一見お門違いに思われるデータから、社会が読めるということは、確かにある。

たとえば、暴力犯罪と経済の停滞には関連があるといわれる。また、格闘技ファンが増えるのは不況の前触れという予測もある。景気が行き詰まるとスカートが短くなるとか、長くなるとかいう説もある。

こうした説の、どれがどこまで正しいかを確認する必要はあるが、いろいろな情報に敏感になることは、ビジネスマンとして必要な好奇心である。

◆半歩先をいくために

現在でなくちょっと先を読むことが、ビジネスには特に必要だ。そのためには、経済記事ばかりでなく、幅広くいろいろな情報をキャッチしていきたい。わざわざ情報収集として活動する時間など、そうとれるものではない。しかし、キャッチするチャンスはどこにでもある。

たとえば、通勤電車の中のファッション。たとえば、定食屋のランチの価格。たとえば、電車やバスの中吊り広告に登場する企業の種類。

あるいは居酒屋のメニューにも時代は表れる。かつてボジョレー・ヌーボーなど、一部の人しか関心を持たなかった。しかし今や初冬になると、居酒屋にまで早々とボジョレーの告知が貼られたりするのである。

「おやっ」と思い、「面白い」と感じ、「なぜだ?」と追及する好奇心を、もっと育てよう。

暴力犯罪
経済の停滞
ダメだ…
エビの消費量
国力
BOXING
ボクシング
カラテ
格闘技ファンが増える
のは不況の前ぶれ…
などなど
あぁ…
ちょっと先を読むのが
ビジネスには必要だよ.
経済記事ばかり
じゃなく、いろんな
情報を
キャッチしなきゃ!

孫子 76

智者の慮は必ず利害を雑（まじ）う

メリットとデメリット

◆別の見方をする人は大事な味方

事を行おうとする時は、ともすれば自分に都合のよいデータばかりを集めたくなる。そのことを自覚しておかないと、一面的な見方だけで自己満足に終わってしまう。孫子は、賢い将軍なら必ず両面から事態を検討するものだと言う。

顧客や上司との話、あるいは会議でプレゼンテーションする際にも、必ずデメリットについての反論や問いかけはあるはずだ。おいしいコトばかりでは、人は不安になるからである。表に出す前に必ず「違う視点からの検証」を心掛けたい。

同じ立場の人間は、ともすれば同じ側からしか見られないことがある。全く違う立場の人、あるいは部外者を加えることを、検討しよう。反対意見のない会議は、実り少ない会議である。

◆いいんじゃないですかは、無責任

人は誰でも相手の喜ぶ顔が見たいので、つい、相手の喜びそうな返事をするものだ。従って少々気になる点があっても、自分に関わりがなければ「いいんじゃないですか」と答えてしまう。

いやな話を持ってきてくれる相手こそ大事にしたい。もちろん、単なる批判でなく、建設的な反対意見ならさらに嬉しい限りだ。徳川家康は「主を諌《いさ》める部下は、一番槍よりも大きな手柄だ」といって、反対意見に耳を傾けたという。「自分は聞く耳を持っているぞ」というこのアピールは、部下にも考える習慣をつけさせる。一つのキッカケになったのではないだろうか。

「殿にもの申す」は、実際に受け入れられれば気分がよいものだ。これが繰り返され、意見の出しやすい空気が作られていくと、いろいろな事について両面からの検討が、組織の中にも習慣化していく。

——— 智者の慮は必ず利害を雑う

孫子 77

「調査データ」の落とし穴

◆満足度調査

商品への関心や利用者の満足度を知るのに、各種の調査やアンケートはしばしば行われる。また従業員の自己評価にも活用される。

たしかにこのような調査は、生の声を反映するものではある。数字に変換できるデータともなるので信頼できるように思える。しかし必ずしもそうでない場合があることを意識しておく必要はあろう。この種の調査票の多くは次のような五段階になっていると思う。

①よい ②ややよい ③普通 ④やや悪い ⑤悪い

言葉が多少変わるばあいもあるが、だいたいこのような区分である。この種の調査で、実態はどこまで把握できるものだろうか。

◆「普通」の意味

この設問の欠点は③にある。客の考える「普通」とは、どのようなことを意味するのだろう。

日本人はあまり批判や否定に慣れていない。従って、かなり激しい怒りや憤りの感情がない限り、④や⑤の回答には丸をつけにくいのである。少々の不満はあっても「ま、こんなものかもしれないね」と「普通」に丸をつけてしまうのだ。

断定を避けようとする気持ちにも、「普通」という表現は魅力的に映る。つまり、この種の調査を行えば、「ややよい」と「普通」が圧倒的に多くなるのは目に見えているのである。

「船頭多くして」ともいう。賛同者が多いからといってすべてうまくいくとは限らない。大勢になれば細かい部分の食い違いも出るが、回答用紙の○印だけでは読み取れない。まして自己評価の場合、どこまで客観的に判断しているものか。データの読み手はそのあたりも把握しておく必要があろう。

―――兵多しといえどもまたなんぞ勝に益あらんや

COLUMN 4

敗因はどこにあるか？

無謀な太平洋戦争に突入し、戦渦は大きく傷跡を残すことになるが、その緒を切ったのが真珠湾攻撃であった。真珠湾攻撃は奇襲こそ成功したが、太平洋戦争の敗因はここから始まったといっていいほど、戦略的には失敗している。

作戦を立案したのは山本五十六司令官。第二次攻撃を行なわなかったことによって、最大目的の空母を攻撃し損ねたこと、〝見せかけ〟の戦果以外に、要所を攻撃せずに見逃したことが禍根を残すことになる。山本の意図したところは、この攻撃によってアメリカ軍の主力を壊滅させ、志気を喪失させたのち有利に講和に持ち込むことにあった。

ところが「現場」の司令官である南雲中将が、その意図を深く理解できずに第一次攻撃の〝見せかけ〟の戦果だけで満足してさっさと引き上げてしまったのである。

第二撃を命令するよう進言する参謀に対し、山本は「南雲はやらないだろう」というだけで、そのままにした。孫子の兵法からいえば、指揮権は現場のリーダーに委ねるべきで、この点において山本の判断は正しかったといえよう。問題があったとすれば、山本が行動（作戦）の意図・目的を現場の責任者にはっきり認識させなかったことにある。

山本に対しての評価は分かれるところだ。「バクチ的」な戦略立案という評価もあるが、そうしなければならない状況に追いこまれていたという見方もある。対米戦への突入と、その後の長期戦はどう見ても無茶だという日本の置かれた状況を、山本は知りぬいていた。

「孫子」の「彼を知り己を知れば、百戦して危うからず」からも、いかに対米戦が無謀だったかが理解できる。

第5章　相手の機先を制する

――秋毫（しゅうごう）を挙ぐるは多力となさず

孫子

78 現在の価値や実績にとらわれない

◆今の力は絶対ではない

原典は、羽毛のようなものを持ち上げても力があるとはいえない、限られた条件の中での己の力を過信してはいけないという意味である。

室内の芳香剤で大きなシェアを占めるS社が、最初に企業として発展したのは、戦後、ポマードの販売によってであった。

日本が終戦の混乱期からようやく抜け出し、落ち着きを取り戻した頃、食うことに追われていた日本人も、これからは身だしなみに気を配るようになるはずだと考えたのである。

見通しは大いに当たった。ポマードでなでつけた髪の光沢は、軍服を脱ぎ、新しい日本を築く意気に燃えた男たちのプライドを表しているようだった。

◆よい市場には必ず大手が参入してくる

しかし、社長はこの成長に安住しなかった。こんなに売れる製品に、大手メーカーが目をつけないはずがないと考えたからである。大きな資本と販売網をもつ大企業が参入してくれば、S社程度の規模では勝負にならない。

そこでさらに先を考えた。「食」が安定し、国民は「衣」（身だしなみ）に目を向けるようになった。ならば次は「住」だ。

新しい時代の家庭には、新しい雰囲気を演出する何かが求められるはずだと考えた。一般家庭のトイレはまだ水洗化の進んでいない時代である。トイレの匂い対策として、当時から防臭剤は売られていた。S社はそこに「芳香剤」を売り出した。ポマードの実績には未練を残さず、全く新たな分野に切り替えたのは、社長の英断である。

花の香りの芳香剤は、トイレだけでなく居間や玄関にも置かれた。その後、車の中でも使われるようになり、芳香剤は大マーケットとなったのである。

——— 秋毫を挙ぐるは多力となさず

兵は詭道（きどう）なり

孫子 79 見かけに気を配れ

◆人は見かけだ

「詭道」とは普通でないアプローチ、今どきの表現を借りるなら「裏ワザ」のことである。孫子は、戦いの基本は正攻法であるとしながらも、相手を欺く作戦も必要だと説く。ものごとを額面通りに受け取るなという意味でもある。

「人は見かけによらない」は、誰でも知っていることわざのベスト3にはいるだろう。これだけ知られているという事実が、人は見かけにいかに左右されやすいかの裏付けとも言える。

孫子も「引くと見せかけて攻める」「近くにいるのに遠くにいるように見せる」など、見かけで敵の目を欺く駆け引きは有効だという。

◆よい身なりは良い反応を引き出す

見かけが有効というなら、第一印象も実力のうちである。まず身なりを整えよう。「同じくらいの能力のカメラマンが二人いたら、金のありそうな服を着てる方に仕事は来るんだよ」これはあるフリー・カメラマンの談話。ちなみに彼は、親譲りの上等な紬の着物で打ち合わせに行って、有名雑誌のグラビアの連載を取ったことがある。

アメリカで、公衆電話にコインを残し、次にボックスに入った人が出て来た時に、「コインが残っていませんでしたか」と尋ねる実験をした。きちんとした身なりで尋ねると「ありましたよ」とコインを返してもらえたのに、ラフな服装で尋ねると「知らないね」という答えが多かったという。

どんなに「人は見かけによらない」と言われようと、良い身なりのほうが好意的な反応を引き出しやすいのは事実なのだ。だとすれば、名刺を渡して挨拶にはいるより前、相手の視野に入った瞬間から、ビジネスは始まっていると心得よう。

―――― 兵は詭道なり

兵は詭道なり
全員で大声を出せ!
ありったけのたいまつをつけて
多人数にみせかけよ!
今夜がヤマ場だ
なるほど、敵の目をあざむくのですね
人は見かけにだまされるものだ…
ビジネスでもみかけ―最初の印象―も実力のうち…
肩にフケ (げげっ)
同じ能力の人が2人いるとして、あなたならどちらに仕事を任せますか?
よれよれ〜

戦わずして人の兵を屈するは善の善なる者なり

孫子 80

戦わないのが最上

◆かならずしも実戦に臨む必要はない

戦いには勝たねばならない、しかし実際に戦うより戦わずに済ませるほうが戦略的には上である。

Ｓ社は警備保障で一～二を争う大手。大企業専門のＳ社というイメージは強い。実際には個人商店や小規模な工場の警備や一般家庭向けのリーズナブルなセキュリティもあるのだが、その部門はいま一つ伸び悩んでいる。営業マンが訪ねても「Ｓさんにお願いするほどの会社じゃないですよ」「大邸宅の警備専門でしょ」などと言われてしまうのだ。Ｓ社というブランドへの信頼あらばこその反応ともいえるが、なんとも皮肉な現象ではある。

◆シールだけでも貼らせてもらえ

営業部のＥ課長はある日、取引の有無と関係なく、一帯の住宅や商店のすべてに、軒並みステッカーを配布させた。「泥棒除けのお守りがわりにとか言って、ステッカーを目立つ場所に貼らせてもらえ」と指示を出したのである。

Ｅ課長の狙いは、ダブルの抑止効果であった。侵入を感知する警報や早期駆けつけといった「対応」のシステムはもちろん重要だが、実行前の「抑止」こそ一番のセキュリティなのである。

Ｓ社に限らず、警備会社のマークが見えれば、防犯設備が見当たらなくても、侵入をためらわせる程度の効果はあるはずだ。まさに「お守りがわり」である。それだけでなく同業他社にも抑止効果は働く。営業マンは、Ｓ社のステッカーが出回っている地域よりも、外の地域のほうが楽と考えるだろう。

さらに、ステッカーを貼ってもらった家や商店には再訪問もしやすいので、じっくり説明ができる。そんな門戸を開かせる効果もあった。Ｅ課長の作戦勝ちである。

— ある警備会社にて —
課長から ステッカーを渡されて… ウチを導入していない お客さんにも あいさつがわりに 配れって 言うんですよ
たくさん あるなー
それには ちゃんと ワケが あるんだよ…
実はドロボー
ちえっ、警備会社が 入ってちゃダメだ…
…といって 意欲をなくす…
○○(株)
最も良い警備は、犯罪の意欲を 起こさせないこと、というワケさ!
たかが ステッカー されど ステッカー ….ですネ
ちえっ 先を越された
…といって あきらめてくれる かも知れない…
他の警備会社の 営業マン

威、敵に加われば、即ちその交合うを得ず

孫子

81 信頼されるような振る舞いをすべし

◆貫禄が周囲を抑える

原文は少々分かりにくいかもしれない。天下を取るほどの王には、おのずから備わる威厳がある。「威、敵に加わる」とは、そうした威厳が周囲の敵にも感じられる、という意味である。「交合うを得ず」とは、王の威圧に負けて、連合して対抗しようとする意志さえ持つことができないという意味だ。

つまり力のある王は、特に外交らしい事をしなくても、備わったその貫禄で周囲を従えることができるという意味である。

40過ぎたら自分の顔に責任を持てというが、この「顔」は、顔かたちではなく、姿勢や動作までふくめた「風貌」という意味であろう。いい年をしてペコペコする者は、それだけで軽く見られてしまうし、あまり若いのに堂々としているのも考え物だ。

年齢性別を越えて好感が持たれるのは、姿勢のよさであろう。背中が丸まっていると、それだけで人格が低く見える。

◆「見た目」のアドバイザーがいる

アメリカの大統領選挙では、服装から話し方まで細かにアドバイスする専任スタッフが、活躍するという。１９８８年、ブッシュ陣営についたのは魔術師といわれるR・エールズであった。

彼はブッシュ（今のブッシュの父親）に、①低い声でゆっくり話すこと、②談笑のときは相手から目をそらさず、手を前に出すようなジャスチャーをしながらにこやかに語ること、③討論やインタビューでは、椅子の手前に背を伸ばして座り、身を乗り出すようにして相手の話を聞くことなどをアドバイス。

これらはすべて「エネルギッシュで誠実な人柄」というイメージを与えるための戦略である。見た目を軽んじてはいけない。

——— 威、敵に加われば、即ちその交合うを得ず

アメリカの大統領、G.ブッシュ氏の『演出』
談笑時は相手から目をそらさない
談笑時には手を前に出すようなジェスチャーをしつつにこやかに
低い声でゆっくり話す

討論やインタビューでの姿勢 ——
アドバイススタッフがついています！
・イスの手前の方に座る
・背すじをのばす
・身を乗り出すようにして相手の話を聞く
エネルギッシュ誠実そう…

形によりて勝ちを衆におく

孫子
82

「まね」にも効用がある

◆まねは学習の基本

原典は、相手の出方に合わせて勝つという意味。水が器に沿うように、変幻自在の対応をすることにより勝つので、人は、孫子の軍が勝ったことは分かっても、どのように勝ったかまでは分からないだろうと孫子は言う。

ここでは、相手に合わせるということを「まねる」という解釈で考えてみたい。猿マネなどといわれて、人のまねをすることは評価が低い。しかし子供は大人のまねをしながら知識や言葉を学習する。絵画は模写により力をつける。まねは人が向上するためには欠かせない、一つの方法である。

◆まねの効用

まねには別の効用もある。人間は自分に似た人間を高く評価する傾向にあるという。「類似性の要因」といい、次のような傾向が見られるらしい。

・自分に似た態度の人には、手をさしのべやすい
・自分に似た人の知的レベルを高く評価する
・自分に似た態度の人とは協力しやすい
・自分に似た人との仕事は楽しい
・自分に似た人の業績は高く評価する
・自分に似た態度の人には好意を持ちやすい
・自分に似た信念の人を採用する
・自分に似た態度の人に高給を払う
・自分に似た犯罪者に対しては、同情的になる

これを知ってのことか、アメリカでは、ボスのマネをするのが流行しているらしい。

具体的には、同じブランドの服を着たり、同じネクタイをしたりと、やや遊びの感覚も含まれているらしいが、前述のような心理があるなら、それは確かにやってみる価値がありそうだ。出世を少し早めることができるかもしれない。

—— 形によりて勝ちを衆におく

人は自分に似た人間を高く評価する傾向がある
よろしく
こっちより…
こっち…
どうも
アメリカではボスのまねをするのがはやっているらしい…
ちょっと
ゲーム感覚
入ってまーす
何だ、
またオレと
同じ柄の
ネクタイか？
朝の
コーヒーも
ボスと同じ、
クリーム1杯
さとう1杯
カップまで
似ているなぁ
…と言いつつ、
悪い気は
していない

善く守る者は九地（きゅうち）の下にかくれ

孫子 **83**

こうした「守り」もある

◆相手の状況を知る

孫子の「軍形」の章、「善く守る者は九地の下に隠れ、善く攻むる者は九天の上に下に動く」と続く文章である。防御する場合は、地底に潜ったようにその形を悟られぬようにし、攻撃に際しては天から見下ろすように、状況をよく見て、敵の隙をつけという意味だ。守るからには、相手に状態を知られてはならない。攻めるからには、相手の状況を知るべきである。

これは、そのまま現代のビジネスにも通じる。これから展開する新製品などの情報は、あくまでも隠されなければならないし、これから新分野に打って出るなら、そのマーケットの事情をとことん調べておかねばならない。

◆あえて赤字部門を持つという守り方

ウイスキーで日本のシェアを二分しているS社は、ビールも発売している。ビール業界ではかなり後発で、必ずしも採算がとれているわけではない。この御時世、各業界各社とも業績不振の部門の閉鎖を検討している時代だが、同社はそれでもビールから撤退する気はないという。

なぜかというと、ウイスキーさえやっていれば大丈夫という安易な気持ちが、社内にあることが危険だからだという。ビールの赤字を「なんとかしよう」という意識が、社内に緊張感を生み、努力や工夫につながっている。

経営学の基本からいくと、このやり方は規格外のように見えるが、これはビジネスにおける「一病息災」の思想と言える。一病息災とは、昔は無病息災といったが、現代は一つくらい病気があったほうが医者にマメに行くので健康管理ができるということから、言われる言葉だ。S社は長い目でみて、健全な企業体質をつくろうとしているのである。

ウイスキーのS社の話
ウイスキー
ビール
ビール部門なんて採算がとれているとは思えないけど…廃止はしないの？
それにはわけがあるんだよ
いててて…
S社
ビール
わ〜っ大変だ！なんとかしなきゃ
少し調子悪い部門があった方が緊張感がうまれて、それが努力や工夫につながる
ウイスキーさえやっていればいいや
安心安心
S社
こういうご時勢だから、安易な気持ちが社内にあるのは危険だと思うしね

――これに形すれば敵必ずこれに従い

孫子 **84**

最初の印象は覆されにくい

◆思い込みは消されにくい

最初に一つの印象をもつと、なかなかそれは変えにくいものだという。最初に「有能な男です」と紹介されると、そこそこの仕事でも、「有能な事は違う」と思われがちである。そして、たまたま仕事で失敗しても「体調でも悪かったのか」という具合に配慮してもらえる。

一方「ちと不注意なところがありまして」などと聞かされていれば、たまさかの見落としでも「やっぱり」と思われてしまうのである。

巷間、女のドライバーは運転が下手と言われがちだ。しかし、下手な男も上手な女もいるのである。ただ、手際の悪い運転者をみかけたとき、見た人はそれが男なら「珍しく下手な男だな」と思い、それが女性ならば「だから女の運転は」と記憶に止めてしまうのである。

◆第一印象を効果的に

相手の中で最初に作られる印象を効果的に使ったのは北条早雲である。

彼は、新たに自分の領地になった土地に対して年貢を極端に低く設定した。これで領民の心をしっかり掴んでしまったのである。

「今度のお殿様はおやさしい方だ」という印象を先に植え付けることにより、領内のまとまりもよくなった。領地の運営もスムーズに行うことができた。最初の印象は大きい。

後でいくら反対の行動を示しても、最初の印象と適合する行動だけが相手の記憶に残るということがある。前述のドライバーの例のようにである。従って第一印象では、極力「よいイメージ」が相手に伝わるようにしたい。

たとえば有能、誠実、仕事が早い、快活、気さくなどである。自分に適した「よいイメージ」とはどのようなものか、考えてみるのもおもしろそうだ。

最初に作られた印象は、かえるのが難しい…
有能な男です
↓
体調でも悪かったかな？
ミスしましてすみません…
不注意な所があります
↓
やっぱりね…
ミスしましてすみません…

北条早雲の使った手法：年貢を極端に低くする！
新しい領主さまは本当にいい人だねぇ〜
そうそう！年貢が軽くてありがたい！
ふっふっふっ…作戦成功じゃ！
領民たちの支持が得られれば、こっちのものさ♡

孫子 85

用いてこれに用いざるを示し

足元を見られるな

◆駆け引きの極意

孫子の兵法の「かけひき」の極意ともいうべき一節といえようか。「能くすれども之に能くせざるを示し、用いてこれを用いざるを示し、近ければ之に遠きを示し……」と続く。解説は特に必要あるまい。ありのままで対峙するのでなく、あえて逆をみせて欺くのも兵法のうちということである。

日本人は、どうもこうした駆け引きがあまり得意でないといわれる。国際会議などを見ると、つくづくそう感じることがある。しかし海外旅行で、値切るのが当然という文化圏に行くと、がぜん張り切って土産物店の店員相手に「かけひき」を楽しむ人もいる。全員が「かけひき下手」というわけではなさそうだ。ビジネスにおいても、真っ向勝負、正面突破ばかりが「王道」ではない。時にはこちらの本意を少し隠したほうがよい場合もあるものだ。

◆瓶割りのパフォーマンス

日本の戦では籠城戦がしばしば行われた。この時勝敗を決するのは、食料よりも水であった。食料はなくとも何日か辛抱できるが、水は、まさにライフラインである。

柴田勝家は、籠城をして水の蓄えが底をつきかけた時、あえて敵の面前で水を飲み、その後、水瓶を割って貴重な水を流して見せた。

彼のパフォーマンスには二つの狙いがあった。まず敵に対しては「まだ困っていない」「余力がたっぷりある」と見せかけたこと。そして味方には「打って出るしかない」という覚悟を固めさせたのである。かけひきは、必ずしも敵方ばかりとするものではない。勝家は敵味方両方を相手に「かけひき」をして、戦を勝ち抜いたわけだ。ビジネスマンも、社内での多少のかけひきは付き物であろう。

ビジネスでも、時には本音を少し隠した方が良い場合がある
何かかくしてない?
え~それでですねー
ええ…
本音
まだ出せないかな…
ヤスイ
ヤスイ!
おっ、本気で欲しそうだな値下げはしないもんね~
ハッハッ
あらぁ、いいわねえ
柴田勝家
水がめを割れ!
籠城戦….
もう水はない…打って出るしかない、ということか!
くっ
あれだけ攻められてもまだなお余裕があると言うのか!?
なんと…
うぬぬ…
動揺する敵

孫子 86

合理的な判断と誠意が企業を支える

◆良心的な品を送りだす

孫子の時代、戦いの前には先祖をまつる廟《びょう》に祈った。先祖の霊の前で心静かに考えれば冷静で合理的判断もできる。これを廟算《びょうさん》という。単なる信仰や迷信と片付けるには惜しい、なかなか理に叶った習慣であったといえる。この廟算をすれば、勝算の有無は明らかだというのが、この言葉の意味である。

婦人用化粧雑貨を扱うS社は、ワンマン社長が、独自の哲学でビジネスを展開している。こまかな化粧品小物だが、良心的な商品の扱いに定評がある。

特にコンパクトの必需品のスポンジ・パフでは、内外のメーカーの多種多様なコンパクトに合わせて、何十種類もの替えパフを展開し、大きなシェアを占めている。消耗品だから値段は手頃に抑えたい。しかし女性の肌に直接触れるものだから質を落とす訳にはいかないと、安い輸入素材を使わず、国産に限っているのも社長のこだわりである。

◆自社製品に自信と誇りを持つ

この社長、なかなか頑固で、大手スーパーを相手にしても上代の65%という納品のかけ率を絶対に下げない。他社は60にしたから、お宅も下げろ等とバイヤーが半ば脅しをかけても、「うちの商品は値段だけで売るものではない」と、突っぱねる。

単に強気というのでない。社長は全ての自社商品を把握し、しかも愛情を持っているのである。

ちなみにスーパーやコンビニで、商品ラックのスペースの大小は死活問題である。ところがこの社長、商品の扱いが雑な店からは、せっかく大きなスペースをもらっていても、大量の商品を引き上げてしまったりする。大切に売ってくれない店には置いてほしくないというのだ。こうした姿勢が堅実な取引を延ばし、安定した経営を続けている。

婦人用化粧雑貨のS社、社長
いや、ウチは絶対にかけ率は下げません！
他社さんは納品のかけ率を60%にしてますよ
お宅だけですよ！65%なんて…
バイヤー
女性の肌に直接ふれるものにごまかしをしてはいけない…
だから—
S社製品
少し高いが原料は国産！
商品に愛情を持つ社長
バブル後も何のその！
S社商品
あれ〜っ
扱いの雑な店
たくさんの支持者
大切にしてくれない所には置かないよ！

善く戦う者は人を致して人に致されず

孫子 87

相手にふりまわされない為に

◆担当者泣かせのクライアント

原典の「致」は、日本語で使われる「致す」とは少しニュアンスが違うようだ。主導権をとるという意味の言葉である。つまり孫子はここで「戦上手と言われる将軍は、敵のペースに巻き込まれることなく、自分のテンポでコトを運ぶものだ」といっているのである。

相手のペースに巻き込まれないようにするには、いくつかの方法がある。まず第一は、相手のペースを無視すること。しかしそれでは、断たなくてもいいカドが断つ場合もある。先にリードして、こちらのペースで進むようにしてしまうことだ。

H君はある広告代理店の新人アカウント（営業）。初めて一人で担当したクライアントには泣かされた。クライアントはゼネコンのD社。問題の担当者U氏は、役所をリタイアしてその会社に天下ってきた真面目な人物である。

◆先制して確認を重ねる

実はD社には歴代の担当者が苦戦してきたらしい。U氏は大変きちょうめんな性格で、些細なことも何度も確認せねば気がすまないのである。

たとえば翌朝でも十分間に合うような内容でも「即、返事をよこすように」と伝言を残す。ほどほどにあしらおうとすれば、当然怒る。おかげでH君は他の仕事が手につかなくなってしまった。

困り果てたH君は、逃げを打つことをやめた。先手を打って、先方に確認を入れることを繰り返したのである。進行予定を知らせ、前日と当日には連絡を入れる。ファックスを送る場合も「これから送ります」「届きましたか」と電話を入れる。

U氏はすっかり安心して、H君を信頼し、仕事を任せるようになったのである。

――― 善く戦う者は人を致して人に致されず

敵をして自ら至らしむるは、これを利すればなり

孫子 **88**

相手にとって メリットとなる点を売り込め

◆最後が決まらない

　ＱカンパニーでＯＡ機器の営業マンをするＢ君は、先月からＣ社に新型プリンターの売り込みをしている。新機種は小型化し、消費電力も少ない。Ｃ社は昨年、スペースの問題で導入を見送ったという経緯があるので、Ｂ君は「今度こそ」と意気込んでいた。Ｃ社の課長は大学の先輩でもあり、Ｂ君を買ってくれている。今回はすぐにもＯＫが出ると思っていたのに、案に相違して課長との話が進まないのだ。

「エエのは分かるねん。ワシはすぐにでも欲しいで。せやけど上司がハンコついてくれんことにはなぁ」

　Ｃ社にとっては十分メリットのある機種だし、課長も理解してくれているのに、なぜ契約につながらないのか。Ｂ君は職場の先輩に相談してみた。

「課長は心を決めてても、偉い人を説得できる材料が欲しいんじゃないかな。稟議書が書きやすくなるように手伝えることはないか考えてみたらいい」

◆相手にとっての利便とは

　Ｂ君、さっそく資料作りにかかった。今Ｃ社で使っているプリンタの速度と新型機の違いを数字にして、時間のコスト削減ができることを示した。リボンなど消耗品のコストも算出した。Ｃ社の使用頻度ならファックスとの兼用も可能なので感熱紙が不要になる。受信書類を普通紙にコピーし直す必要もない。このような内容をＡ４判２枚分にまとめて持参した。レポートを見た課長は喜んだ。

「これこれ、こういうのが欲しかったんや。わし文章書くの苦手でな、稟議書に難儀しとってん。これ、このまま使わしてもろてええやろ」

　翌週、ＯＫが出た。Ｃ社だけでなく課長自身にも必要だったものをＢ君が提示できたからである。

新製品
そりゃあーエエのは分かるねん
ワシも欲しいでー
せやけど上司がハンコ
ついてくれんとなあー
← C社
担当課長
で、作って
みました!
C社のもの
速度○○枚/分
時間のコスト○○
リボンなど消耗品
コスト○○○/月
感熱紙
新製品
速度○○○枚/分
時間のコスト○○
リボンが……〜〜
消耗品コスト○○○/月
普通紙
それはそうさ
具体的なメリットを
提示しないと
ダメだよ
数字だよ
数字!
なかなか
首をタテに
ふってもらえない…
もう少し
なのに
翌週ー
OKが
出ました!
御社で現在使われている
ものと、私どもの新製品とを
比較して、まとめたものです
如何
ですか?
お〜〜、これこれ!
こういうのが欲しかったんや
ワシ、文章書くの苦手でなー
これ、
このまま
つこても
エエやろ?
助かるワー

辞強くして進み駆るは退くなり

孫子 89 妙に強気の発言には注意

◆退却は難しい

敵の将の態度は強硬で、妙につっかかるような物言いをする。彼の背後では兵士が今にも進撃してきそうにしている。そんな時こそ、実は相手は退却しようとしているのだと孫子はいう。

戦争は退却する時が一番やっかいだ。タイミングを見るのも難しいし、追撃してくる敵を防ぎながら背を向けて逃げるのは、進撃より数倍困難だ。しんがりが一番大変とは、昔から言われることである。

関が原の戦いで、島津勢は敵の真ん中を縦断するという意表をついた行動に出て、命からがら逃げ切った。最後は主の周囲に数えるほどの部下しか残らなかったという。進むより引く方が難しいのだ。

◆強気の発言の裏を読み取ろう

たとえば、頑張って準備してきたプランに、不安要因が見えてくることがある。リスクは避けなければならないのだが、「ここまで頑張ったのに」という気持ちは当然でてくる。

こんな時に沸き上がるのが「わずかな可能性にかけよう。少し強気でいかねばダメだ」というような意識だ。これを心理学で「防衛機制」という。

正しいと信じたいために、あるいは、それまでの努力を無にしないために、こうした「強気」や「無謀」が頭をもたげるのだ。迷った時、プラス思考は有効だが、そこに防衛規制の心理はないか振り返ってみる必要はありそうだ。

これを交渉の場に応用すると、妙に強気で押してくる相手こそ、背後にやや不安を抱えていると見ていい。ここは冷静になって、真意を推し量るべきである。相手の心の背後にあるゆらぎを、うまく読み取ってフォローすると、交渉はこちらの優位で進めることができる。

——— 辞強くして進み駆るは退くなり

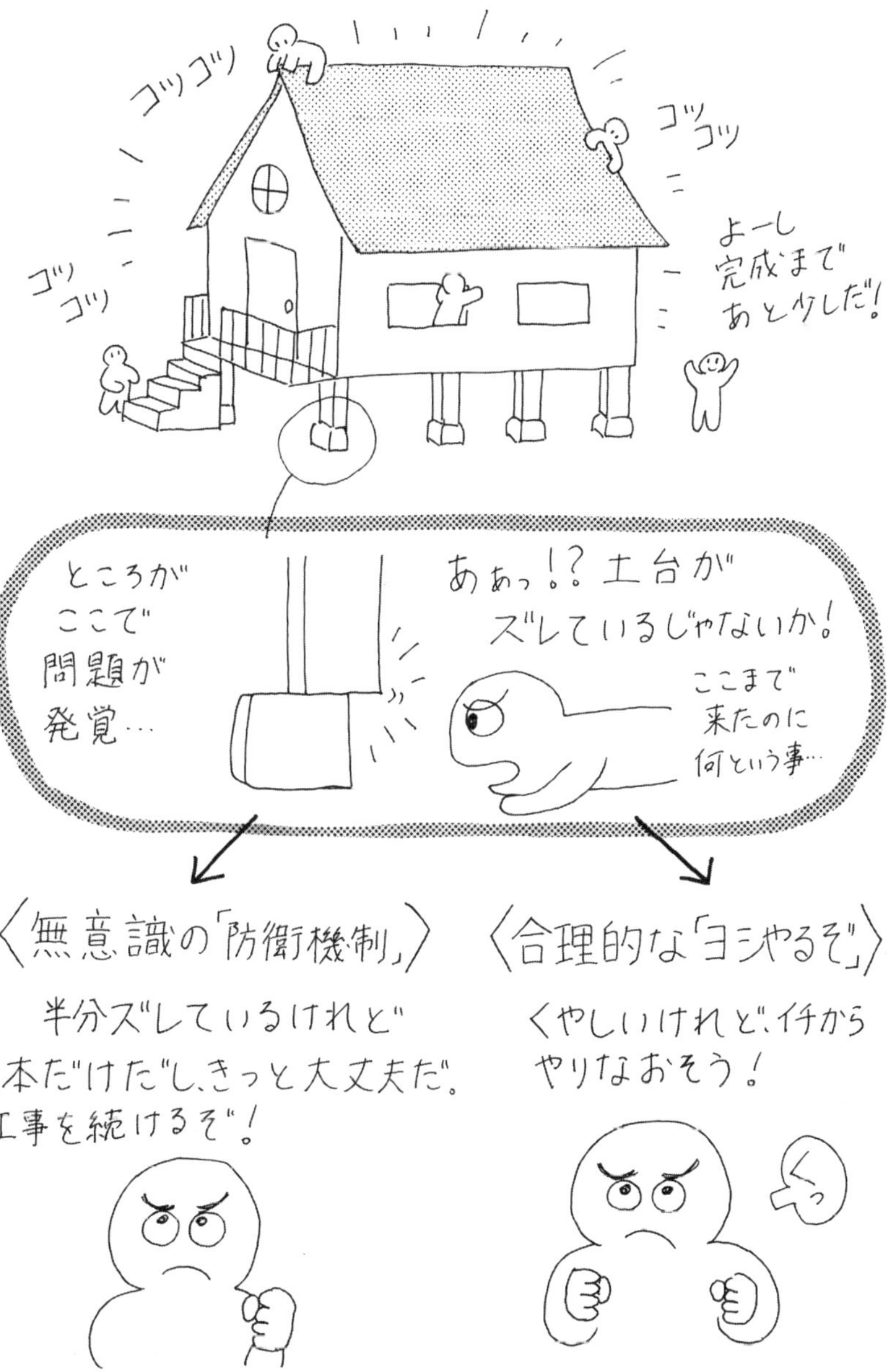
ゴツゴツ
ゴツ ゴツ
ゴツ ゴツ
よーし 完成まで あと少しだ!
ところが ここで 問題が 発覚…
ああっ!? 土台が ズレているじゃないか!
ここまで 来たのに 何という事…
〈無意識の「防衛機制」〉
半分ズレているけれど 1本だけだし、きっと大丈夫だ。工事を続けるぞ!
〈合理的な「ヨシやるぞ」〉
くやしいけれど、イチから やりなおそう!
くっ

敵をして必ず勝つ可からしむ能(あた)わず

孫子 90

自分が変わる方が簡単だ

◆レバやタラは食べるだけに

孫子は、敵を必ず負けるようにしむけるのは困難だという。「勝つべからしむ」は勝たないようにするという意味だ。それより、こちらが負けないように動くほうがはるかに容易であろう。

「あいつが態度を改めれば出方を変えよう」とか、「あのクソ課長が自分を認めたら自分も頑張る気になるのに」などという人がいる。一見スジの通った強気の態度のようだが、実は相手の変化を待つ極めて消極的な態度であるということに気づいていない。自分が低い評価しかしていない相手なのに、相手が変わったらと待っているのだ。これはおかしな行動ではないか？　気に入らない相手に自分が合わせて「れば」とか「たら」と言っても始まるまい。

◆自分と未来は変えられる

相手を変えるのは大変である。まして「けしからんアイツ」や「納得できない上司」が、よい方向に変化する可能性はどれほどあるだろう。

「そんなヤツラ」の変化を待って人生を無駄にすることはない。自分のテンポで行動できるではないか。

「俺は挨拶する気はあるよ、しかしあいつが態度を変えない限り、できないからね」こんな突っ張りは無意味だ。毎朝イヤな奴に挨拶をしないでいるために歯を食いしばるのはエネルギーロスだ。さっさと「おはよう」と声をかけて、こちらだけでも気分爽快になろう。後は相手がどうであれ、放っておけばよいではないか。

「過去と他人は変えられないが、未来と自分はいくらでも変えられる」という言葉は、ブリキのオモチャ博物館の北原照久氏が、ある対談で話していた言葉である。こだわりを捨てれば、自分と未来を大きく、素晴らしいものにしていくことができる。

―――　敵をして必ず勝つ可からしむ能わず

よく自ら保ちて全く勝つなり

孫子 91 自分の強みを知って勝負すべし

◆負けない理由

孫子の軍は敵なしである。というより、敵の居ない所を選ぶからである。負けたことがないのは、勝つ戦いしかしないからである。それも「兵法」だ。

「進みて防ぐべからざるは、その虚をつけばなり」とは、我が方が進軍して、それを防戦する敵がいないのは、相手の手薄なところを突いているからである、という意味になる。

ビジネスでも、自社の強みを発揮できる分野に進出すれば業績は上がる。しかしそうなると他の可能性にも賭けてみたくなるものだ。それを思い止まって、あくまでも得意分野で勝負している企業がある。今日では、国境を越えた信頼を寄せられている精密器械メーカーPである。

◆裏方に徹して

S社の名を知らない人も多いが、釣りをしたり、自転車の好きな人には親しみのある名前であろう。釣りのリールや自転車のギヤを作っている。ヨーロッパの高級レース用自転車についているギヤは、ほとんどがこの会社の製品であるという。

ここまでの技術力を持っていれば、当然、自転車本体も含めて自社ブランドの展開を図りそうなものだが、同社はそれをしない。作れないわけではない。しかしギヤでは世界一でも、自転車となれば、欧米には圧倒的な有名ブランドが多数あり、そこに進出してもトップには食いこめない。同社がそのように考えているかどうかは不明だが、ギヤメーカーに止まっているところに、見識を感じるのである。

得意分野を理解し、敵の少ない分野で戦う。実はなかなか見極めの難しいところでもある。時代や社会の変化を読み損なえば、市場に取り残される。つねに状況を見ながら進まねばならない。

—— よく自ら保ちて全く勝つなり

自転車部品S社のギア
ツールドフランスに
出て来る自転車は
みんなS社のギアを
使っているとも
言われている…
自転車そのものも作れますが、
欲を出して完成品に手を
出すより、最高水準の
部品を追求したいんです
凝り性かも
知れませんね…
勝つと他の
分野にも
進みたくなる
ものだがな…
エライ!

積水を千仞《せんじん》の谷に決するがごときは形なり

孫子 92

出し惜しみせずに勝つ

◆勝つべくして勝つ者には勢いがある

原典は「軍形」の章の最後の言葉である。孫子はここで戦略について述べている。勝つべくして勝つための基本は、こちらが負けないように備えて、相手の弱点をつくことだ。そうした事を心得ていれば、蓄えておいた水の堰を切って高い所から一気に落とすように、めざましい勢いで勝つことができる。

原文はその勢いを表すために「積水を決する」という表現を使っているが、ここでは文字通り、積水を決するような態度の、効果について考えてみたい。チョロチョロ流れる水では小石も動かせないが、大量の水は岩をも流すのである。

◆小出しにしない

日本は外交下手といわれる。たとえば海外援助も最終的にはかなりの金額を拠出しているのに、最初が遅れたために「遅すぎる、少なすぎる」と言われ、日本はケチとの評価だけが残ってしまった。

政治家や企業のトップもパフォーマンスが下手だ。頭を下げることさえ惜しむ気配がある。最初は下っ端の首を切るなどして、機会を逸した頃ようやくトップがペコペコする。これでは誠意が感じられない。

頭の下げっぷりの見事さで、外交手腕を発揮したのは、旧ソ連のゴルバチョフ氏といわれる。それまでのソ連の「国家的公式見解」をつぎつぎ撤回し、スターリン体制の下で起こったポーランド人虐殺事件を認めて謝罪した。

さらに大韓航空機の撃墜事件についても遺憾の意を表明し、シベリア抑留中に亡くなった日本人にも追悼の意を表明するといった具合だ。これで「今までと違うソ連」を大きくアピールできた。

思い切りのいいトップの謝罪は、費用がかからず効果的な外交政策である。

——— 積水を千仭の谷に決するがごときは形なり

思い切りのいいトップの謝罪は費用がいらず効果的
たとえば旧ソ連のゴルバチョフ氏
遺憾である
国家的公式見解
撤回!!
謝罪
追悼の意
おお〜ソ連も変わったなぁ
インパクトありまくり…

吾がもって待有るを恃(たの)むなり

孫子

93 果報は「練って」待つ

◆いつでも準備は万端に

「吾がもって待有る」とは、我が方の守りがきちんと整っているという意味である。前後の文章を合わせると、賢い武将は、敵が来ないという幸運をあてにするより、自分の守りを固めておくように務めるものだ、という意味である。

　それでは現代のビジネス・シーンで守りを固めるとは、どんな事だろう。常に自分を磨いておけということではないだろうか。

「果報は寝て待て」という言葉があるが、実際には、寝ていれば果報に気づかず見逃してしまうことがある。むしろ目的をもって、常にアンテナを立てておくべきだ。常に意識していれば、小さなきっかけも見逃さないものである。

◆スキ間の時間をムダにしない

英会話スクールのコマーシャルに「忙しくて時間とれないしぃ」と言い訳する人物が出てくる。しかし、まとまった時間はとれなくても、きれぎれの時間は結構あるものだ。5分、10分の単位でもできるような「何か」をみつけてはどうだろう。毎日の積み重ねは大きい。

　ある商社の課長は「地下鉄レッスン」というのを実践している。といってもテープを聞いたりするわけではない。彼は外資系の企業と英語で打ち合わせをする機会が多い。それほど英語が得意でない彼は、打ち合わせに向かう地下鉄の中でウォーミングアップをするのだという。中吊り広告を見ながら、頭のなかで見出しを英語に変えてみるのである。

　日本語と英語は語順が違う。主語の後にすぐ結論がくるという「英語モード」に頭を切り替えておくと、先方についた時点でスムーズに打ち合わせの言葉がでるのだそうだ。

——— 吾がもって待有るを恃むなり

帰る師（し）はとどむるなかれ

孫子
94

追い打ちをかけてはいけない

◆必死の反撃を誘発するな

「帰る師」とは、戦場を去ろうとしている敵のことである。この節で孫子は、新鋭の気力に満ちた敵を攻めてはいけない、おとりの兵を攻めてはいけない。そして、戦場を去ろうとしている敵を止めようとしてはならないと述べている。帰りたい一心に駆られている兵士は、止められればどんな必死の反撃をするか判らないからである。

追い打ちは、思いがけない反撃を誘発することがある。このことは会議や話し合いの場でも、心に留めておいて損はない。

◆後を引かない

職場で、非を認めた部下をいつまでもネチネチと叱る上司がいるが、やめたほうがいい。部下は心の中で上司にキバをむいている。本人だけでなく周囲の人間も、そんな上司に反感を持つものだ。叱っている側は念を押しているつもりかもしれないが、逆に本論を忘れて反感だけ持たせてしまう。

会議でも同様である。誤りを認め、あるいは意見に同意して、自分の主張を引っ込めた相手には、サラリと花をもたせて切り上げるのがスマートだ。

「わかりました。今回だけは、そちらのおっしゃる線で、手を打ちましょう」

「そうか、きいてくれるか。いやありがとう」

このあたりで止めておけばいいのだが、

「そうか、きいてくれるか。いや、こないだもお宅の課長に会った時に、世の中お互い様なんだからさ、今回は譲ってって言ったの。俺、無理は言ってないよね。いやお宅の会社はいつも杓子定規だからさぁ、ちょっと考えた方がいいよ、うん」

あんまりくどく言われると、ウンザリしてくる。それ以上のサービスをする気もなくなってしまう。

——— 帰る師は止むるなかれ

将軍！やつら退却していきます！追いますか？
わー!
いや、追ってはいかん！逆に死にものぐるいの反撃を受けるぞ

職場で
ダメじゃないか！キミらしくもない！
申し訳ありません
ねち
ねち
ねち
ねち
ねち
ねち
ムカつくなー
会議中
あっ、今の私の意見、取り下げます失礼しました
い、いや、ですから……
でもしかし
何だよコイツ！

先に戦地に処して敵を待つ者はいつし

孫子 95

15分のゆとりが、成功につながる

◆ギリギリの駆けつけでは力が発揮できない

孫子の六編「虚実」の冒頭にある。現代でも、少し早めに到着するという心掛けは、ビジネスの基本といえる。

移動中、渋滞や事故など思いがけない事態に巻き込まれることがあっても、15分のゆとりがあれば、少なくとも先方や自社に連絡をとるだけの余裕はあるというものだ。

特に営業マンがアポイントの時刻ぎりぎりに駆け込むのでは、事前に頭の中で、これからする話の内容についてまとめることもできない。十分な営業の展開はのぞめない。

ただし単に何かを届けるだけの場合は、あえてギリギリに汗をかきながら駆け込んで、「忙しい仕事の間を縫って、わざわざ持って来ました」という印象を与えるのも、一つのテクニックかもしれない。

◆「周辺一回り」の原則

あるベテラン営業マンは、訪問先に約束の時間より必ず少し早めに行って、相手の会社の周辺を歩くことにしている。新しい店舗が開いたり、街路樹に花が咲いていたりと、町にはいつも何か変化がある。そこから話題を拾うのだ。

「新しいソバ屋ができましたね」そんなことでも、近所の話題が出ると相手の口はほぐれやすくなるという。なんとなく「同じようなことに関心を持つ人」という印象が作られるからだろう。

もちろん話題作りのためだけではない。ブラブラ歩きながら、訪問先を少し遠くから眺めることで見えてくるものもある。駐車場に営業車がずいぶん残って稼働していないのを見て、業績不審のきざしをキャッチしたという例もある。早めに着いて浮かせた15分で、観察力アップの練習をしてみよう。

―――― 先に戦地に処して敵を待つ者はいつし

15分のゆとりがあれば……
何かがあっても連絡がとれる
申しわけないのですが、実は電車が事故でとまってしまっていまして…
ただ単に何かを届けるだけなら…
ギリギリに行ってー
はぁ
はぁ
ふー
これを…
「わざわざ持って来ました」の演出
ーギリギリに駆け込むと…
まぁ、落ち着いたらお話下さい
はー はー はー
あぁー 説得力のある話がこれではできないよー
もっと早く来れば良かった
あるベテラン営業マンのクセ：
おっ、新しいソバ屋だ！
街路樹に花が
訪問先の会社
早めに行って、必ず周辺を歩くことにしてます
駐車場に営業車がずいぶん残っているなぁ… ひょっとして… 業績が悪くなりつつあるのかな？

遅れて戦地に処して戦に赴く者は労す

孫子 **96**

遅刻は厳禁

◆相手の5分間と自分の5分間

遅刻には、どのような意味があるのだろう。心理学的にいうと、遅れて行くことは、自分が相手をコントロールする側に立っているという意志の表明になるのだという。

相手を待たせるということは、自分の都合で相手の時間を無駄使いさせることになる。つまり自分にとっての時間のほうが、相手の時間よりも価値があると思わせる扱いをしたわけだ。なるほど、そのように考えると、遅刻はいかにも失礼である。

仲間の飲み会でも、必ず遅れてくるヤツがいる。「注目されたがっているのか」などと悪口を言われるが、実際に深層心理で、彼は自分の時間が他の者より重視されるべきだと、アピールしているのかもしれない。

◆時間差を効果的に使う

孫子は「遅れて到着する者は、消耗した状態で戦いにのぞまなければならない」と、遅刻する側の不利を指摘している。しかし前述のような心理が働くとすれば、必ずしも不利とはいえないようだ。

あえて約束の時間より少し遅れるほうが、よいマナーとされるケースがある。自宅で開くホームパーティーに呼ばれた時だ。ただしこの場合、約束よりも5～10分遅れる方がよいという意見と、どんな時も遅刻は失礼という考え方がある。

自宅でするパーティーの場合、準備が間に合わない場合もあるので、少し遅く到着するのが配慮だという説もある。

しかし上司のお宅に呼ばれた場合は、時間ピッタリをめざすべきだ。少し早目に着くようにし、近くから電話をかける。「少し早いのですが、行って、できるお手伝いはありますか」と尋ねるのも、気の利いた方法かもしれない。

――― 遅れて戦地に処して戦に赴く者は労す

飲み会で必ず遅れて来る
ヤツがいるが…
やあ わりぃ わりぃ!
また注目されたがってー
このオー
実際、自分の時間は他の者より
重視されるべきだーと、
心の底では思っているのかも…
乱暴に言えば:
オレの5分は仕事の5分
彼女の5分は待ちの5分、
オレの5分の方が
価値はあるよな…
えーい しょうがない
んもぅー
何してるのかしら
失礼な人ねー
連絡くらい
よこしなさいよ
ブツブツ…
ホームパーティーには5〜10分、遅れて行くのが
良い、という説もある
ちょっと早くなったけれどー …あ…
ま、まだ準備が …ハハハ
上司のお宅に呼ばれた
場合は、時間ピッタリを
めざすといい
今○×駅です。何かお手伝いはありますか?
○×駅
おっ、あと10分で着くな
いや、大丈夫だよ
…とわかるので助かる
孫子の兵法では
遅刻する側は
不利、と指摘
しているがー
現代では
左のような例も
あるぞ!

——進みて防ぐべからざるはその虚をつけばなり

孫子 97

スキ間を狙え

◆誰も目をつけていない分野

今でこそ家庭の掃除をプロに頼むことは珍しくない。特に働く女性が多くなると、常時ではなくても、たとえば年末だけは専門家の手を借りるという人は多くなってきた。

日本にも、かなり以前から企業や工場の清掃を引き受ける会社はあったが、個人の住まいの掃除をする会社はなかった。

自宅の掃除は主婦がするものと、誰もが思い込んでいたし、家に他人を入れるということへの抵抗感もかなり大きかったからである。アメリカのホームドラマのようにベビーシッターを頼んだり、芝刈りのアルバイトを頼んで他人にカギを預けるような習慣は、我が国にはなかった。

◆大市場になる予感

そこに目をつけた青年がいた。学生時代に友人とビル清掃の会社を起こし、さらに発展できる分野を模索していた矢先である。アメリカには個人の住まいの掃除をする会社があると聞いて、そこに大きなビジネスチャンスを予感した。そのような仕事をする会社が今日本に存在しないからといって、可能性がないとは考えなかった。

個人の家に上がり込むだけに信頼がすべての基盤となる。間違いの起こらないよう細かなルールを決め、パートの従業員にもプロ意識を徹底させた。たとえば、室内を整頓しても出ていた物は戸棚にしまってはいけない。盗難・紛失のトラブルを防ぐためである。また一人でなく必ず複数で訪問する。

「労せざる」どころか試行錯誤の繰り返しで、失敗を糧に細かなノウハウを蓄積してきた。しかしその甲斐あって、現在は全国に事業所を展開している。家庭のお掃除サービスは、いまや大手企業も参入する大マーケットである。

千里行けども労せざるは、人なき道を行けばなり
おまえ最近やけに羽ぶりがいいじゃないか？どうやってもうけたんだよ
人が目をつけないような所にこそお宝があるっていうわけでさ…でも、どういうことかくわしい事は教えるワケにはいかないね。
へっへっ…
昔、自宅の掃除は主婦がするものだった
ガッ
誰もがそう、思いこんでいた…
そこに目をつけた企業が出現…今やクリーニングサービスは当たり前になった。
大企業
私も参加しています
全国どこへでも行きます！

――よく兵士を用いる者は、人の兵を屈するも戦うにあらざるなり

孫子 98

赤色の心理効果

◆赤備えとは

戦国時代、武田家の軍勢は「武田の赤備え」と恐れられ、その強さには周辺の大名も一目置いていた。鎧《よろい》も兜《かぶと》も赤づくめの彼らの装束を見ただけで、敵は戦意を失ったという。

徳川家康も何度となく、苦戦を強いられた。このことを忘れず、天下を取った後も武田家の守備態勢を学び、幕府の守備にそのノウハウを取り入れようとしていた。

武田家の軍勢はそれほど強かったのだろうか。もちろん弱くはなかったに違いないが、この種のことは、ある程度の勝ち戦を重ねると、評判が後押ししてくれるようになるものである。武田軍はそこをうまく利用したのかもしれない。

◆赤の色彩効果

赤は近付いてくるように見える色であるという。武田軍が勢揃いすると、その赤い集団はこちらに向かってくるような錯覚を与えたことだろう。これはまさに孫子のいう、戦う前に勝つの極意である。

赤色は活気を呼ぶなどの心理的な影響だけでなく、実際に体温を上げる効果もあることが知られている。高齢者の赤の下着は、まんざら根拠がないわけでもなかったのである。

こうした効果は仕事にも生かすことができる。ここ一番の時は赤い色を使ってみてはどうだろう。たとえば赤のネクタイ。積極的な印象を与えるはずだ。女性なら赤のスーツでもよい。赤は幅が広いので、自分に似合う赤が必ずあるはずである。

あるアパレルの広報担当者は、やっかいな仕事の打ち合わせに行く時、真っ赤な口紅やマニキュアで自分の「やる気」を高めているという。

―――― **よく兵士を用いる者は、人の兵を屈するも戦うにあらざるなり**

戦国時代――武田の軍勢
赤づくめの衣装がずら〜り。。。
←戦う前からもう見た目で相手に勝っている
これは…
戦うのいやだなー
うわさ通り、まっ赤だね
おそろしい…

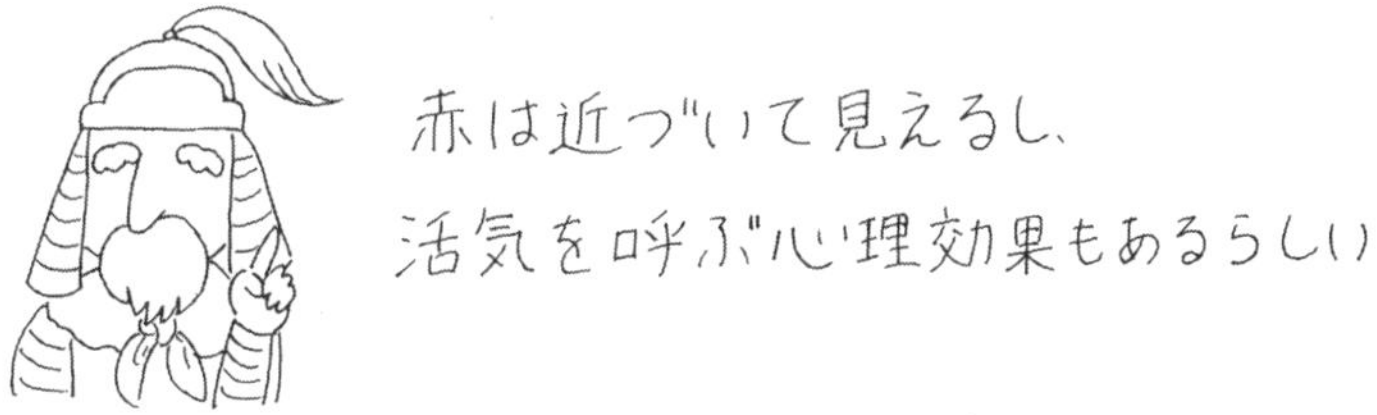

赤は近づいて見えるし、
活気を呼ぶ心理効果もあるらしい

『ここぞ』という時に使ってみましょう…
赤いネクタイ
プレゼンテーションで、目立とう！
今日はパーティーよ♡
赤いルージュ
赤いスーツ

紛々紜々《ふんぷんうんうん》として戦い乱れて乱すべからざるなり

孫子 99

売り場の混乱が売上を延ばした

◆混乱のようで混乱でない

「紛々紜々として」は、いかにも乱れに乱れている様子を表す。孫子の軍は一見混乱の極みのように見えるが、これも一つの作戦らしい。乱れた中にも秩序があるので、敵にはこれを破る事ができないというのである。

ＯＡ化が進み、ＩＴ時代と言われ、ペーパーレスの時代が来ると言われながら、相変わらず書類に埋もれている職場は多い。すべてプリントアウトしてファイルする人もいて、書類がＡ判になった分だけ嵩ばるという、笑えない話もある。

しかしこのような混乱も一時のこととして、たしかに書類削減の進んでいる分野はある。建築関係の事務所は、大型の引き出しに図面を置くのでなく、ディスクやフロッピーに保存している。出版や広告の世界でも、途中に発生する紙の量は減っている。

◆宝探しのように

このようにＩＴ化が進めば、オフィスはすっきりとディスプレイだけが並び、販売業も店頭はスッキリという時代に、なるのかもしれない。

しかしあえて時代に逆らうような展開をしているのが、安売りでよく知られるＤ店である。Ｄの店内では、電池の隣にペットフードの箱、傍らにはレインコートが下がり、足元にシャンプー、隣の棚には漬物のパックが山積みになっていたりする。「お客様のための見やすく買いやすい展示」などはしていない。まさに紛々紜々としているのだ。

しかしその混乱は客を楽しませているらしい。人々は自分のほしい品物の売り場を求めて店内を回遊している。そして「ついでに」見つけた「ちょっとした物」を、一緒に買っていくのだ。それは買い物というより「宝探し」の楽しみである。

―――― 紛々紜々として戦い乱れて乱すべからざるなり

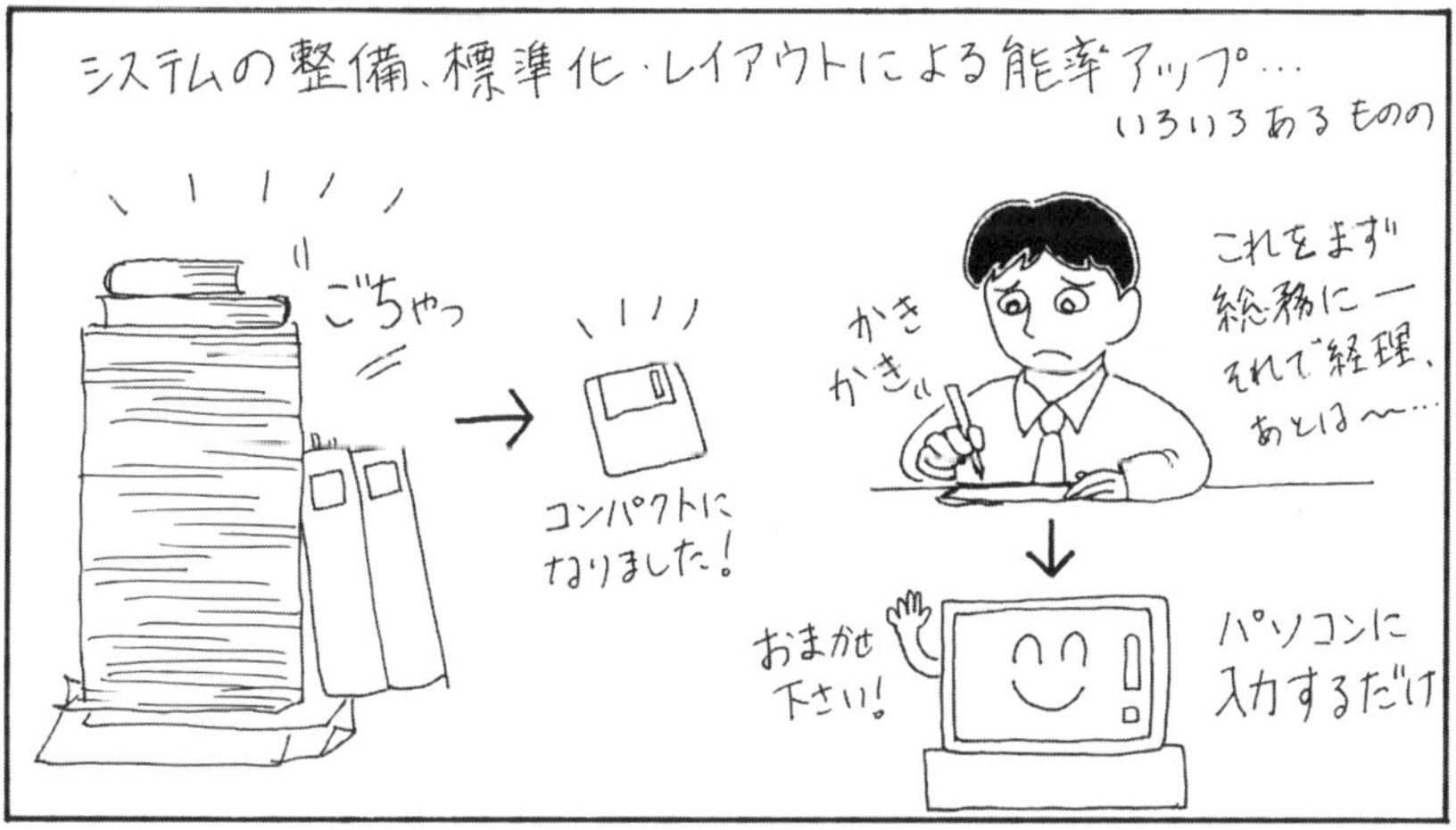

憤りをもって戦いを致すべからず

孫子

100 カッとしたまま仕事をしてはならない

◆腹を立てて動いてはいけない

原典は「主は怒りをもって師を興すべからず、将は憤りをもって戦いを致すべからず」という一節である。比較的分かりやすい表現の箇所といえる。軍は国益になることが明らかでなければ動かしてはいけない。国の安否にか関わることでなければ戦いをするべきでない、まして、怒りにまかせての行動などもってのほかということである。国王は感情に任せて開戦してはならない。将軍は憤りに駆られて兵を動かしてはならない。

カッとしている時は判断力も鈍るものだ。感情に流されてはいけない、これは時代が変わっても。立場が変わっても、社会人として不変の原則である。

◆怒りは連鎖する

R君は上司から叱られ、なにクソッと思いながら営業に出た。イライラしながら歩いていたため、クライアントの上司を追い越したことに気づかなかった。彼に目をかけてくれている部長なのだが、けじめには厳しい人である。

あいにく担当者が不在で、彼とは反りの合わない課長代理が出て来た。自分が少しでも優位にたてる機会は逃したくないタイプだ。いつもなら「まいったなぁ、勘弁してくださいよ」と笑って返すのだが、R君はつい「なんで、そんなことまで言われなくちゃいけないんですか」と言い返してしまった。たちまち課長は顔色を変える。いつもは彼をかばってくれる部長までがその日は機嫌が悪い。夕方、担当者から電話がはいった。「なんで部長まで怒らせるんだ。今後の取引は難しいよ」。後始末は大変だった。

こちらが怒っていると、相手もよい反応はしてくれない。カッとした時は、少し頭を冷やしてから仕事にもどった方がよい結果を生む。

——— 憤りをもって戦いを致すべからず

あとがき

「孫子」から一〇〇の言葉を選び、それに沿ったビジネス実例を紹介した。経営者、中間管理職、駆け出しの新人、それぞれの立場によってとらえ方はあるが、いずれの世代にも参考になる実例ばかりであると自負している。「いるいる！ 確かにこういう上司はいる！」といったように、ビジネスマンの方には、読んでいて思いあたる話もあったのではないだろうか？

「孫子」の凄いところは、二五〇〇年経った現代でも、理論が十分通用するその普遍性にもある。

今の日本を取り巻く環境は厳しい。「失われた一〇年」が過ぎて、国家も企業も先行きに明るい兆しがいっこうに見えない。

職に就けない若者が増え、高まる失業率。年間の自殺者が三〇万人を超え、その多くがリストラされた中高年、あるいは行き詰まった経営者が占めるという厳しい時代。「戦略なき国家に未来はない」の言葉通り、個人も企業も国家も、厳しい時代だからこそ将来に対するビジョンが必要になってくる。これからの一〇年、あるいは二〇年をどのように過ごすか。自分の未来予測を立てるということに意義は大きい。未来像を描くとき、その目標に達するまでに、どう行動するか、指針となるのが「孫子の兵法」ではないだろうか？　未来予測そのものが、戦略になるからである。

「孫子の兵法」をどう役立てるかは、個々の問題になってくる。たとえば、本書で紹介した事例と同じような状況で、同じような対処法で通じるかというと、必ずしもそうとは言い切れない。「孫子」は、状況に応じてとるべき作戦を変えろと説いている。状況に応じて、個々が知恵を出し、応用していかなければならない。ビジネス、あるいは人生の勝利者になるべく、「孫子の兵法」を大いに役立てて欲しい。

最後に本書を世に出す機会を与えていただいた明日香出版の石野誠一社長、天才工場・吉田浩社長に感謝したい。

●著者紹介●

田中　豊（たなか・ゆたか）
1958年福岡県生まれ　山口大学経済学部国際経済学科卒業。
日本国際貿易促進協会に勤務し、1991年、アジアネット設立。
中国をはじめ、香港、台湾、タイなどアジア各国のビジネスネットワークを活かし、製造・販売・物流・人材・ソフト・エンターテイメント等幅広い分野で日本企業のアジア進出の総合コーディネーターとして活動する。また、ベンチャーサクセスシステムズ代表として、ベンチャー創業の支援活動も行なっている。(社)福岡貿易会アドバイザー。

安恒　理（やすつね・おさむ）

1959年福岡県生まれ　慶應義塾大学文学部国文学科卒業。

出版社に勤務し、雑誌で主にビジネスマンを取材する。

1998年、フリーとして独立し、ライターに。

主な著書に『オンライン株式投資』『私が長嶋茂雄です』『はじめての中国株売買』など。

歴史に興味を持ち、とくに戦史の研究に熱中。『孫子』、クラウゼヴィッツの『戦争論』も中学以来の愛読書。

ご意見をお寄せください

ご愛読いただきありがとうございました。本書の読後感・ご意見等を愛読者カードにてお寄せください。今後の出版に反映させていただきます。
編集部☎（03）5395-7651

孫子兵法《そんしへいほう》のことがマンガで3時間《じかん》でマスターできる本《ほん》

2002年３月31日　初版発行
2003年１月20日　第20刷発行

著　者　田《た》中《なか》　豊《ゆたか》
　　　　安《やす》恒《つね》　理《おさむ》
発行者　石野誠一

〒112-0005　東京都文京区水道２-11-５
電話(03)5395-7650（代表）
(03)5395-7654（FAX）
振替00150-6-183481
http://www.asuka-g.co.jp

明日香出版社

■スタッフ■編集　早川朋子／藤田知子／小野田幸子／小早川幸一郎／金本智恵　**営業**　小林勝／北岡慎司／浜田充弘／渡辺久夫／奥本達哉／児玉容子／平戸基之　**総務経理**　石野栄一

印刷　美研プリンティング株式会社
製本　根本製本株式会社
ISBN 4-7569-0521-8　C2034

独立・開業・就職・転職

「自分の会社」を持つなら「有限会社」にしなさい

石野誠一

本体価格 1262円　ISBN4-87030-373-6

「なぜこれからは有限会社なのか」からはじまって「なぜ有限会社は株式会社よりすごいのか」などの解説はもちろん〈商法〉〈有限会社法〉の改正に対応した、作り方と運営のすべて。

会社を辞めて〔フリーで・個人で〕事業を始める前に読む本

佐藤建一

本体価格 1262円　ISBN4-87030-873-8

会社を辞めて次に事業を始める前には、まず退職前からやっておくべきことがあります。また、次の仕事を始める前に保険・年金や税金のことなど面倒なことも多い。そんな「次までのこと」を総整理した本です。

突然、会社を辞めざるを得なくなったとき読む本

奥村禮司・宮内恵子

本体価格 1400円　ISBN4-7569-0283-9

次の仕事を見つける前に、今の生活をどう維持・改革していくか、住宅ローンはどうするか、子供の学校はどうするか等の知恵満載。小社刊「おいしい失業生活マニュアル」の前に読む本。

会社を辞めて独立・起業するまでの便利事典

佐藤建一

本体価格 1500円　ISBN4-7569-0250-2

独立のスタイルが変わってきました。創業支援の制度も様々登場しています。あなたはどれだけ準備できていますか？　サラリーマン時代とは違い、一から十まで自分自身で行わなければなりません。

超かんたん有限会社設立マニュアル　CD-ROM付

落合英之

本体価格 2000円　ISBN4-7569-0359-2

必要な書類のほとんどが、CD-ROMの書式に最小限入力、印刷して印を押せば出来上がり。会社なんてさっさと設立して、早く事業に取りかかろう！

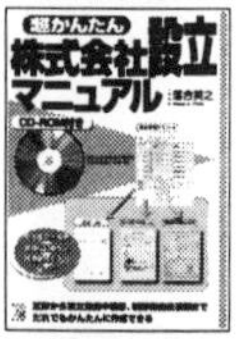

超かんたん株式会社設立マニュアル　CD-ROM付

落合英之

本体価格 2400円　ISBN4-7569-0411-4

昨秋発行の「有限会社」編はプロの行政書士まで買っているというスグレモノ。WindowsでもMacでも使えるCD-ROMがとにかく秀逸。設立する人の8割にはこのままでOK。

はじめての独立・起業なぜインターネットを使わないのか

加藤恵子

本体価格 1500円　ISBN4-7569-0271-5

これまで独立・起業したい人の「投資を最小限におさえたい」という要望がインターネットによって現実のものとなっています。本書はインターネットをうまく利用して独立・起業を成功させるマニュアル本です。